人生没有彩排，
每天都是现场直播

乔子青　著

吉林文史出版社
JILIN WENSHI CHUBANSHE

图书在版编目（CIP）数据

人生没有彩排，每天都是现场直播/ 乔子青著. --
长春 : 吉林文史出版社, 2019.3

ISBN 978-7-5472-6055-5

Ⅰ.①人… Ⅱ.①乔… Ⅲ.①人生哲学—通俗读物
Ⅳ.①B821-49

中国版本图书馆CIP数据核字(2019)第047701号

人生没有彩排，每天都是现场直播

出 版 人	孙建军
著　　者	乔子青
责任编辑	弭 兰　崔月新
封面设计	韩立强
出版发行	吉林文史出版社有限责任公司
地　　址	长春市福祉大路出版集团A座
网　　址	www.jlws.com.cn
印　　刷	北京楠萍印刷有限公司
版　　次	2019年3月第1版　2019年3月第1次印刷
开　　本	880mm×1230mm　1/32
字　　数	140千
印　　张	8
书　　号	ISBN 978-7-5472-6055-5
定　　价	38.00元

前　言

　　如果人生可以重来，你还会选择现在的生活吗？

　　这一问题一经抛出，我们就收到了无数个答案。

　　"大学时期，我浑浑噩噩地混日子。面试时，看到对手内容丰富的简历，我后悔自己当初为什么不努力，从而错失拥有好工作的机会。如果人生可以重来，我一定好好学习……"

　　"当时年纪小，我崇拜英勇的警察、博学的教师，但从未为此付出过行动。现在的我，每天起早贪黑、风吹日晒，苦累只能自己一一吞下。如果人生可以重来，我一定努力追梦……"

　　类似这样的遗憾，总是不断地在我们的生活中上演。我们不断地错过，不断地后悔，又不断地长叹：假如人生有彩排，哪怕只一次，那该有多好……现实却是，人生没有彩排，每一天的每一分钟都是现场直播。无论我们经历过怎样的事情，好也罢，坏也罢，永远不可能再来一次。

　　人生之路，只有去路，没有回路。那么，我们应该如何度过这一生呢？不同的人会有不同的答案，毕竟每个人有不同的活法，有不同的理想和志向，有不同的人生价值和追求。不过，在这本书里，我们将全面而详细地解析，究竟一生应该怎么过才不留遗憾，不枉此生。

　　你要每天有意识地生活，让世界因为你的演绎而精彩；你要不断地尝试，充实自己，不管好与坏，在丰富的经历中编织人生；你脚下走过的每一步，都要谨慎小心，甚至庄重地去衡量；你要全心全意地对待每一天，把每天都活成最精彩的；有些事如果我们决定不了结果，就努力改变过程，至少能给自己一个交代；你要向前走，向前看，以不断出发的姿势得到重生……

就像世界著名表演艺术家们每一次上台都如履薄冰，务求在观众面前呈现最完美的一面。那是因为他们深知，每一场演出都是全新的一次，也是关键甚至是唯一的一次。

不要感慨岁月的流逝，不要抱怨光阴的荏苒，不要等到青春逝去时才想起努力，不要等到走投无路时才想起奋斗。努力认真地过好每一天、每一分钟，以积极进取的精神、扎实细致的作风，演好人生的每一场戏，这样才能赢来生命的价值与精彩、人生的平安与幸福。

是的，虽然人生没有排练的机会，每天都是现场直播，但我们可以清楚、有条理地去规划。有计划、有步骤地度过每一天，现场直播就会有亮点。无数的亮点穿成无数条线，由线连成面，人生就变得立体丰富起来。愿你不浪费时光，不挥霍岁月，不模糊现在，不恐惧未来，此生无怨、无悔、无憾。

目　　录

Chapter 1 / 人生来就活这一回，
要做就做自己的主角

　　人生如戏，每个人都想着如何做好一个演员，却忘了自己其实也是编剧和导演。生命最珍贵的意义，就是你要每天有意识地生活，让世界因为你的演绎而精彩。

01/ 你就是你，这世上独一无二

在日本，流传着这样一个小故事：

一个男孩从小练习书法，也特别喜欢书法，先后创作出不少作品。9岁时，他参加日本青少年书法展，四幅作品以1400万日元的高价被人收购。当时日本最著名的书法家小田村夫对小男孩的作品也赞叹连连，并预言"这将是日本书法界的一颗璀璨新星"。谁知，这位"小神童"并没有成为"璀璨新星"，而是渐渐地销声匿迹了。这是怎么回事呢？

小田村夫带着疑问专门前往拜访，在看了这位天才书法家的作品之后，他唏嘘不已。原来，随着中日两国文化的频繁交流，东汉书法家王羲之的书法作品被日本人熟知。王羲之典雅的笔风，受到许多日本人的喜爱，也包括这位男孩。男孩带着仰慕之情开始临摹王羲之的书帖，甚至达到以假乱真的水平，结果他本身的特色被消磨得一无所有，完全没有一点儿创造性，也没有任何特色和创意。

一个天才因模仿另一个天才而成了庸才，多么令人惋惜。

那么，你是否正在做着类似的蠢事呢？反观我们的生活，有多少人渴望成为别人，因羡慕别人的天赋、成功等，亦步亦趋地效仿他人的样子，就连言谈举止、说话腔调都要模仿别人。结果呢？自我的价值被否定了，又没有任何过人之处，这正是人们庸庸碌碌、平平凡凡的根源所在。

生命只有一次，人生没有彩排，一个人只有活出自我，才算真正地活过。自我代表个性，而个性是一个人比较固定的特性，可以从言谈举止、为人处世、思想品格等方面表现出来，是与别人不同的地方。"这个人"绝非"那个人"，是一个人的记号或标志。

美国人奥格·曼狄诺是世界上最受追捧的演讲家之一，他在《世界上最伟大的推销员》一书中写道："我是自然界最伟大的奇迹。自从上帝创造了天地万物以来，没有一个人和我一样。我的头脑、心灵、眼睛、耳朵、双手、头发、嘴唇都是与众不同的。言谈举止和我完全一样的人以前没有，现在没有，以后也不会有。虽然四海之内皆兄弟，然而人人各异。我是独一无二的造化。"

被誉为20世纪最伟大心灵导师的戴尔·卡耐基也曾这样告诫我们："发现你自己，你就是你。记住，地球上没有和你一模一样的人……在这个世界上，你是一种独特的存在。你只能以自己的方式歌唱，只能以自己的方式绘画。你是你的经验、你的环境、你的遗传所造就的。不论好坏与否，你只能耕耘自己的小园地；不论好坏与否，你只能在生命的乐章中奏出自己的音符。"

拥有与众不同的个性，才能创造独一无二的自我。综观古今内外，凡是成就一番事业的人，也都是用个性创造自己的人。

玛丽·玛格丽第一次上电台主持节目的时候，她尝试着模仿一位爱尔兰笑星。当时她的想法是，这位爱尔兰笑星很受欢迎，有很好的听众基础，如果自己能集中他的优点于一身，这便是通往成功的捷径。当时，她还窃喜自己想出这么绝妙的主意，却惨遭失败，因为她的滑稽显得很刻板。

后来，玛丽·玛格丽勇敢地面对自己的不同，认同自己的不同，并决定表现出真正的自我———一位来自密苏里州乡下的纯真朴实的姑娘。她的性格直率单纯，语言生动活泼，具有一种独特的个性美，不少听众一下子就喜欢上了她。最终，她成为纽约市最受欢迎的广播主持，甚至许多主持人开始效仿她。

做盗版的别人，还是正版的自己？

当你羡慕别人的天赋、成功时，当你感到迷茫、困顿时，也许是因为你暂时还没有发现自己的个性，不确定自己到底要追求什么。那么，现在你不妨拿出一张纸，问问自己，"我的个性是怎样的？""我是否有与众不同的地方？""我的天赋是什么？"把你的答案写下来，多多益善。

当你的心中已经有了答案，不要浪费一分一秒，保持自我本色吧！人生是一个现场直播，我们不该浪费任何一秒钟，忧虑与其他人的不同，试图模仿别人的风格，而应该尽量利用大自然所赋予自己的一切，把自己最真实的一面展现给别人。不要辜负这种幸运，你越早发现自己，就会越早创造精彩。

02/ 别看低自己，没人喜欢尘埃中的你

古语云："自重者，人恒重之；自轻者，人亦轻之。"

那么，什么是自重呢？简单地说，自重就是自我珍重，尊重自己的人格，肯定自我价值，注重自己的言行。具体表现为，待人处事端庄厚重、不卑不亢、不仰不俯、不流俗、不浅薄。一个人只有尊重自己，别人也会尊重你。若连你都不尊重自己，还有谁会尊重你呢？

王坤从西北一个小县城考到上海的一所大学。开学第一天，他身边的一个女同学问道："你是从什么地方来的？"

小王十分忌讳这个问题，因为在他的头脑里，他出生在一个人口不到20万的小城市，从来没有见过大世面，说出来肯定会被这些大城市里的同学所耻笑，所以，当时他的脸一下子就红了，然后不自然地站起来走了……

很长一段时间，这种想法一直左右着王坤，让他很自卑。他不敢和同学说话，开始自暴自弃，常常独自一人坐在教室的角落，成绩也是倒数第一。为此，有的同学常会取笑他，这让王坤更认定自己是个失败者，不求上进……

每个人都有优点，也有不足，但这并不妨碍我们演绎自己，也不影响我们的精彩人生。人怕就怕在看似不被尊重的日子里自暴自弃、不求上进，浪费人生的大好时光！人，最可怜的就是自卑。自卑意味着失去一切，因为别人看不起自己只是在与对方见面时，自己看不起自己却是一辈子。

如果将一块普通的木块放在老式蒸汽火车的轮子上，火车就无法启动，只有将它移走，火车才能正常启动，达到每小时100千米的速度。之所以讲这个小例子，就是为了说明人的自卑心理好比这块小木头，如果不将它移走，就很难创造出惊人的成绩。

别人不可能真正轻贱于你，真正轻贱于你的只能是你自己。正如美国前总统罗斯福的夫人艾莉诺·罗斯福所说："没有你的同意，谁都无法使你自卑。"既然如此，何必跟自己过不去呢？还是那句话，要受尊重，必先自重。自重不仅会赢得别人的尊重，而且也会让你摆脱平庸的人生。

其实，上帝对每个人都是公平的，很多天才人物也有缺点和不足，他们会在某些方面表现得非常愚笨。那他们为什么能取得成功呢？这主要是因为，他们无论在什么境遇下都能珍重自己，克服自卑心理，掌握了化自卑为成功的催化剂，使他们离成功越来越近。

歌剧演员卡罗素拥有世界公认的美妙嗓音，但最初的时候，他的父母希望他能够成为一名工程师，他的老师则认为他的嗓音根本不适合唱歌。

达尔文更是在自传上透露："小的时候，几乎所有的老师和同学都认为我的资质非常平庸，我这一辈子都和'聪明'两个字没有任何关系。"

爱因斯坦是在4岁时才会开口说话，到了7岁时才开始认字的。他的老师给他的评语更为苛刻："这是一个反应迟钝、孤僻，满脑子都是稀奇古怪、不切合实际想法的孩子。"他也曾遭受过被勒令退学的经历。

牛顿小时候成绩非常糟糕，曾经被老师和同学称为"傻子"。

伟人之所以拥有比他人更多的成功机会，是因为他一开始就得到尊重吗？不！可以说，上面提到的这些人都具备了"自卑的理由和条件"，他们中的很多人也被别人深深伤害过，但关键是他们不会自卑，而是自己尊重自己，沉下心来好好做事，厚积薄发，取得骄人的成绩自然是水到渠成的事。

"你之所以感到巨人高不可攀，那是因为你跪着。"记住这句话，如果你认为自己现在不被尊重，你就应该懂得站起来看世界。

高考是人生的一大转折点，但就在这时，刘同居然病倒了。为了看病，家里欠了债，所以刘同病好后就直接工作，在一家大型公司做保安。最初，刘同感到很沮丧，因为在很多人的心中，保安"素质低下"，也"没有文化"。

一次，有位工作人员没有带工作证，刘同把他挡在门外，不让他进去。对方却当着众人毫不客气地质问道："你不就是个破保安吗？有什么资格查我证呀？"刘同感觉自尊心被人当众踩在脚下，但他没有自怨自艾，而是在心里发誓要努力缩小与这些人的差距。

之后，刘同利用所有闲暇时间充实自己，攻读了大学英语、经济管理、社会心理等课程。由于什么都是从头学起，他学得很拼命。有时看到同事们业余时间看电视、打篮球，他心里也痒痒的，但一想起别人说的"你不就是个保安吗"，他就会咬紧牙坚持学下去。三年时间，他先后攻读下大专、自考本科。当然，他也得到公司的重用和提拔，最终成为一名真正的白领。

通过刘同的事例，我们可以明白这样一个道理：出身贫困，没有学历，没有人脉，这些都没有关系。要想演绎好人生这出戏，我们要尊重自己，不卑不亢，不仰不俯，及时提高自己，做一些有价值的事情，将现实中令人不满意的成分降到最低，努力改变自身处境和命运。

请牢牢记住，你可以不漂亮、不优秀、不富有，但决不可以看轻自己。当你认为自己低贱如尘时，给你披上再华丽的衣衫，也改变不了灵魂的卑微；若你坚信自己必定不凡，即便跌入泥潭，终究有攀上巅峰的一天。你会成为什么人，关键在于你认为自己是什么人。

03/ 越长大越要明白，你是自己唯一的主宰

人是一种很奇怪的动物，哪怕自己的日子还没有过好，也总喜欢掺和别人的日子。于是，在我们的成长道路上，总会遇到不少"热心人"。他们带着或善意或恶意，也或者只是打发时间的意愿，参与别人的人生，发表自己的高见，评论我们的选择，试图左右我们的人生。

问题是，这些"热心人"绝不会为别人的失败与痛苦负责，他们兴致勃勃地参与讨论，兴致勃勃地指手画脚，却在兴头过后一哄而散，继续参与、讨论别人的人生。而最终真正承受一切结果，无论好坏，都只是我们自己而已。毕竟在人生这一场董事会上，只有我们才是自己最大的股东。赚了，我们赚得最多；亏了，我们输得最惨。

所以，为什么要把自己的命运交到别人手中呢？是输是赢，真正承受的，只有你自己而已，你的人生只属于你自己，只有自己有资格来做最后的决定。

《意林》上曾经刊登过一篇令人深思的文章，名为《西点第一课》（注：西点指西点军校），文章是这样讲述的：

刚进军校不久，西点就给我上了一课，对我日后的领导生涯起到至关重要的作用。

军校的学生都是预备军官，学年之间等级非常分明，一年级新生被称为"庶民"，在学校里地位最低，平时基本上是学长的"杂役"和"跑腿儿"。

　　"陆军海军文化交流周"的时候，西点和海军军校要举行一场橄榄球赛，就在比赛的前一天晚上，三年级的学长怀特中士邀请我跟他共同完成一个"幽灵行动"——以幽灵为名的恶作剧。能被高年级学生认可，我觉得很荣幸，立刻答应下来。行动的目标是一个来访的海军军校学员，我们要把他的宿舍搞得一团糟。我有些犹豫地说："这样是不是太过分了？"怀特和其他学长都说："别担心，我们领头，出了事，也跟你没关系。"

　　晚上11：30，宵禁之后，大家悄悄摸到"敌人"的宿舍楼，按事先安排的位置站好。怀特中士用唇语数道："一……二……三！"说时迟，那时快，我和一个二年级军官猛地推开房门，冲到床头，把两大桶大约5加仑冰冷的橙汁浇到熟睡学员的身上，然后迅速跑出门外。同时，另外两个人向房间里投掷了数枚"炸弹"（扎破的剃须水罐），顿时到处都是白色的泡沫。最后，怀特把散发臭气的牛奶泼进屋里，任务圆满完成。众人麻利地跑下楼梯，在楼门口跟负责放哨的队员会合，然后分成几组撤离。

　　凌晨3点钟，有人敲响了我的房门。原来，被捉弄的军官向西点安全部投诉，我们的酸牛奶和剃须水毁掉了他书桌上昂贵的电子仪器，床边的旅行箱也未能幸免。

　　在训导员的办公室，怀特中士竭力为我开脱："是我命令他那么做的，我愿意承担一切责任。"但是，训导员不这么认为，他罚我们在早饭前把海军军官的寝室变回原样，把弄脏的衣服洗干净。这还不算，训导员宣布接下来的几个周末，我们都不能休假，而要在校园里受罚。

　　"这太不公平了，我只不过是服从了学长的命令，他应该对我的行为负责。"教官显然看出我的不满，训练结束时问我："对这件事，你觉得自己没有责任吗？"

"首先，主意不是我出的，行动也不是我领导的，而且我开始也反对过，但作为'庶民'，我能管得了谁呀？"

教官盯着我的眼睛，一字一句地说："在西点，人人都是领导者。即便是个'庶民'，你至少领导着一个人——你自己。因此，你必须为那天所做的事负责。"

直到今天，那位教官的话仍然在我耳边回荡。那是西点给我上的第一课：想做一个成功的领导者，你必须先学会领导自己。

无论你是谁，无论处于怎样的位置，至少永远都领导着一个人，那就是自己。你可以决定自己做什么，不做什么；选择什么，不选择什么。那些总是试图参与他人人生的人固然令人烦闷，那些总是对我们指手画脚的人固然可恶，但最终究竟走哪条路，做哪件事，能做决定的只有你自己。

生活中，我们总能听到诸如此类的抱怨：

"都是他的错，如果不是他让我去……"

"要不是他，我又怎么会……"

"如果不是你们都反对，我可能早就……"

"如果不是你们不支持我，今天我就不会……"

够了，够了，你的领导者只有你自己！如果你一辈子都认识不到这一点，你的人生哪怕能侥幸走上辉煌的巅峰，也不是真正属于自己的成功。

不管是谁，父母、兄弟、亲戚、爱人、朋友……在你人生的董事会上，他们不过是握着一点点股份的小股东罢了，只有你才是唯一的、最大的股东。一间公司兴旺发达，小股东只能从中得到些甜头，真正受益的，永远是有着绝大部分股份和公司决定权的大股东。相应地，一间公司破产倒闭，小股东顶多亏损点钱财，而须要承受灭顶之灾的，是那些拥有绝大部分股份和公司主导权的大股东！

　　真正有资格决定你人生的，只有你自己。真正承担一切后果的人，也只有你！没有任何人可以为你的人生负责，也没有任何人能够为你将来的幸福打包票。所以，请牢牢记住，别再随便让渡自己人生的决策权。

04/ 带上足够的自信——所向披靡

生活中，有这样一种人。他们不丑，细看都有自己的味道；他们并非一无是处，都有或多或少的闪光点；他们的性格不差，可以说比一般人要好……这样的人，怎么看都能打个不错的分数，但他们有一个特点，立刻让自身优点退居次位。他们是什么样的人呢？自我怀疑的人。

一个人一旦怀疑自己，整个人的气质就会显得黯淡，走路喜欢低头；说话喜欢加"可能""也许"；做事总是不放心，要反复检查；说话先看别人的脸色，不停地揣摩；对别人的话过于上心，别人夸一句他以为是客气，贬一句他能难受三年。将自身的一切不如意，归于技不如人。

在众人眼里，段磊是一个十分优秀的人。他是某一流高校的大学生，成绩在班上也名列前茅，最近准备考本校的研究生。导师比较看好段磊，而且有一个"系花"向段磊告白。也就是说，段磊是个学业顺利、爱情丰收、未来光明的幸运儿。但是，他却有着数不清的烦恼和忧愁。

他担心自己考不好，辜负了父母的期待，辜负了导师的信任，甚至怀疑自己根本考不上研究生。他想去找一份工作，但又怀疑自己能力不够，一生只能当个普通员工，甚至找不到工作，跟女朋友也不会有结果……这种思绪一直困扰着他，让他无法安心复习、正常生活。

怀疑自己，这是人生的最大悲哀。当一个人怀疑自己时，就不会努力争取和自己有关的良好机会与美好事物，因为他会觉得自己不配，最终只能深陷在患得患失的泥潭中，过着毫无指望、没有未来的生活。

人生有且只有一次，你甘愿如此荒废自己吗？相信每个人的答案都是否定的。那么，如何才能改变这种现状？自信！自信不是空穴来风，怀疑自己不够好，就努力去变好。你想证明自己的能力，就去争取做更多更好的事，做出成绩；你要想做自己的人生主角，就要不断奋斗，顽强的意志会帮你摆脱困境。

有这样一个女演员，她长得很美，演技也不错，可人们都觉得她不够迷人，缺少"魅力"。无奈之下，这位女演员只好求助美国第一心灵励志大师皮克·菲尔。了解了一番情况后，皮克·菲尔决定给这位女演员上两堂课：第一堂就是气场课，第二堂课的内容就是千万不要蔑视你的能力。

这位女演员经过训练后，认识到自己之所以没有魅力，是因为不相信自己的演技，大脑并没有什么具体状态，思维木讷、不活跃。之后，她开始学着肯定自己各方面的演技，"你是一个实力派演员""你演得真好"。渐渐地，她变得光彩夺目、神采奕奕，几乎每个男演员都为她的魅力所折服、倾倒，每个观众都为她的演出所打动。她拒绝那些男人对自己的示爱，辞影嫁给了皮克·菲尔，她是伊丽莎白·布朗，皮克·菲尔背后的成功女人。

我们不是明星、大腕，大多数人都很普通。不过，我们每个人都有能力和机会像他们那样光彩照人。自信就像一个大发动机，它能提供给我们任何方面所需要的能量。无论最初的自信来自哪里，到最后都会转化为内心最真实的力量，继而改变我们的精神面貌和生活态度。

一个关于亨利的故事，很经典。

亨利，孤儿，丑陋、矮小、结巴。

自寻短见时，朋友告知他，他是拿破仑的孙子。

亨利，孤儿，丑陋、矮小、结巴，但自信。

他应聘了一家公司，最后成为这家公司的总裁。

如你所想，他并不是拿破仑的孙子，那不过是朋友善意的谎言。虽是谎言，却带给他足够的自信——所向披靡。

有些人习惯了怀疑自己，没关系，我们可以一步一步地慢慢来。

比如，保持身体上的自信。当你昂首挺胸的时候，别人看你的眼神也不会是轻视的。无论是坐是站或者走路、挺胸、收腹、提腰。这样看起来不仅姿态挺拔，而且使你整个人都有精神、有气质。这种积极的形态很能引起他人的注意，得到他人的尊重，你也会因此愈发尊重自己，愈发奋进。

比如，发出自己的声音。你是不是觉得自己特别不起眼？你以为你需要的是优秀的能力或成就吗？不是，你首先要发出自己的声音，让别人注意到你。说话的时候不必紧张，目光正视别人的眼光，尽量大声一点儿，吐字清晰，音调平稳，听起来铿锵有力，相信这是一个良好的开端。

05/ 尽力走自己的路，人生就会无怨无悔

"你以为我贫穷、低微、不美、矮小，我就没有灵魂也没有心吗？——你错了，我跟你一样有灵魂，也同样有一颗心。要是上帝曾给予我一点儿美貌、大量财富的话，我也会让你难以离开我，就像我现在难以离开你一样。我现在不是用血肉之躯跟你说话，就好像我们都已离开人世，一同站在上帝面前，我们是平等的！"

这是出自世界名著《简·爱》中的一段话。出身卑微、相貌平凡的姑娘简·爱爱上了富有的上流社会绅士罗切斯特，两人间有着无法逾越的社会地位差距，人们甚至认为简·爱是痴人说梦。然而，简·爱并未因此退缩。她不惧流言，勇敢地向罗切斯特表达了自己的感情。更重要的是，她以自身的正直与高尚深深打动了罗切斯特，并震撼了亿万人的心灵，让人不禁肃然起敬。

"人言可畏"四个字造成了多少人的悲剧，破碎了多少人的梦想。哲学家说："他人即地狱。"真正将我们困在地狱中的，是我们对周围人的眼光和议论过于在意。很多时候，我们内心满足与否往往来自别人目光折射回来的色彩基调：当世人投以羡慕的眼光时，我们便因感到自己是幸福的而倍加满足；如果世人所投以的目光是鄙夷或轻视的，我们便会因此而陷入痛苦和畏惧。

人言可畏，畏的不是"人言"本身，而是我们因过于在意世人眼光而加载在心头的压力。当我们把"别人的目光"作为人生幸福与否或对错与否的标准时，其实就已经身陷地狱了。如同穿上童话里的那

双红舞鞋，尽管内心充满疲惫和厌倦，脸上却依然挂着幸福的微笑，一刻不停地旋转着疯狂的舞步。纵然有一天得以在众人的喝彩声中以优美的姿势为人生画上句号，回过头来，却会发现这一路的风光和掌声，带来的不过是说不出的空虚和疲惫罢了。

当面临人生的十字路口时，有人徘徊，有人决绝，有人半途而废，也有人勇往直前。在抉择前，是坚持自己的方式，还是屈从在别人的目光之下，这是许多人一生都在纠结犹豫的问题。但毫无疑问，如果为了取悦他人而一味地满足他人的价值观，终有一天，我们会在人生道路上迷失自我。

有些时候，我们确实需要懂得察言观色，体谅他人，尤其是涉世未深的年轻人更须如此，这样更容易赢得他人的赞同和认可。但每个人都应该有自己的生活方式与态度，有自己的评价标准，多关注自己内心的想法，只有这样，才能全面而真实地活出自我，做自己的主角。

索菲娅·罗兰是意大利非常著名的影星，自1950年从影以来，已拍过60多部影片。她的演技炉火纯青，曾获得1961年度奥斯卡最佳女演员奖，但外界对她的评论，向来都是褒贬不一的。

16岁时，索菲娅·罗兰怀着成为演员的梦想只身来到罗马。但一开始，她的从影之路并不是那么顺利。按照当时的审美观，很多人觉得她的个子太高，臀部太宽，鼻子太长，嘴太大，下巴太小，总而言之，她的外形条件和其他的电影演员并不太一样，或者说，她根本不像一个意大利式的演员。当时，制片商卡洛看中了她，带她去试了许多次镜头。但每一次，摄影师们几乎都会不停地抱怨，说根本没办法将她拍得美艳动人。

当时，有人建议索菲娅，说如果真的想干这一行，就得把鼻子和臀部"动一动"。但索菲亚断然拒绝了这一建议，她无比自信地说道："我为什么非要长得和别人一样呢？我知道，鼻子是脸庞的中心，它赋予脸庞以性格，我就喜欢我的鼻子和脸保持它的原状。至于我的臀部，那是我的一部分，我只想保持我现在的样子。"

虽然周围的质疑声不断，但索菲亚并未因此退缩或失去自信。她努力提升演技，为抓住每一次机会而不断努力。最终，她成功了，而那些有关她"鼻子长、嘴巴大、臀部宽"等的言论，也都悄然没了声音。那些曾被人嫌弃的特征，反倒成了美女的新标准。20世纪即将结束时，索菲亚被评选为这个世纪"最美丽的女性"之一。

后来，在自传《爱情与生活》中，索菲亚·罗兰这样写道："自从影起，我就出于自然的本能，知道什么样的妆容、发型、衣服和保健最适合我。我谁也不模仿，也从不奴隶似的跟着时尚走。"

这个世界上，每个人都有不同的审美观和价值观。但很多时候，你很难说出究竟谁的审美观和价值观才是正确的。就像索菲亚·罗兰，在她出名之前，很多人眼中的她并不是标准的美人，但她出名之后，那些曾经与她不相符的审美要求，似乎一夕之间土崩瓦解了。反而，她这个曾经"不标准"的美人，一跃成为美的新标准。

与众不同，不意味着就一定是错误的，随大流也未必就能抵达幸福的彼岸，别总是为了迎合他人而强迫自己变成本不属于自己的样子。人生永远都是自己的，别人的目光纵有千千万，也比不上自我心灵的诚实。哪怕是与你最亲近的父母、最贴心的儿女，也没有权利成为你人生舞台的设计师。

人首先是个体，然后才是群体中的一员。人生苦短，如果总是将自己的生活置放在别人的标准和目光中，那将是一种怎样的悲哀和痛苦……

　　请记住，人生没有彩排，每天都是现场直播。你的人生是自己的，幸福也好，苦难也罢，任何人都不能为你承受。你的梦想也好，你的追求也罢，乃至你人生的每一次选择，都不需要别人点头。遵循自己的心意自由地生活下去，无怨、无悔、无憾，这才是人生最大的幸福所在。

06/ 勇敢者从不畏惧他人的反对

当你说出自己的愿望时，总会有人或嗤之以鼻，或忧心忡忡，说着或丧气或劝告的话，试图说服你相信自己根本达成不了这个愿望。他们告诉你，你的愿望太空太大，你根本不具备这种能力。他们用各种各样的理由攻击你，让你放弃——幸好，你并不是在参加选举，他们的反对票影响不了你的决定，只要你不放弃，谁也拿你没办法。你只需要很酷地告诉他们："你反对？没关系，我赞成！"

相信很多人有过类似这样的经历，不管什么样的愿望，都不缺反对者。事实上，这个世界上恐怕不会有任何一个愿望能够获得他人的一致拥护。

如果你喜欢阅读成功人士的故事，会从中发现一个有趣的规律：越是成功的人，在做令他如此成功的事情之时，所遇到的反对者往往越多。愿望与阻力成正比，愿望越大，周边阻力也就越大。

美国有个电视节目专门采访成功人士，这周的嘉宾是一位来自得克萨斯州颇具传奇色彩的农场主。他出生在平民家庭，只受过小学教育，起初就在家附近的农场里打工。谁也不曾想到，二十几年后，他会成为一个拥有土地和财富的农场主。

谈话有条不紊地进行着，农场主讲述了他的创业经验。和所有的成功者一样，他的经验同样是苦干加动脑。这时，主持人问了他一个问题："对你一生影响最大的人是谁？"

农场主说："我小学时的老师，我一直记得她。"

农场主讲起了幼时经历的一段往事。那时候，他们全家刚刚搬到得克萨斯州，他读小学二年级。一次，女老师要求学生以《我的未来》为题写一篇作文。他在作文中写道："长大后，我就是得克萨斯州最有钱的农场主。"

文章交上去后，女老师叫他去办公室，对他说："你应该有合乎实际的人生目标，而不是好高骛远、胡思乱想，看看你的同学们写了什么，如教师、医生、护士，这些才是踏实的愿望。现在，你把这篇作文拿回去重写，明天交上来。"

农场主从小就很倔强。第二天，他把作文原封不动地交了上去。女老师看到作文后很生气，对他说："你这个孩子怎么这么不听老师的话？我听校长说，你家里连学费都交不齐，你的成绩又不好，你怎么可能成为一个大农场主？"

尽管老师一再要求，他就是不肯改。没多久，女老师调到其他学校执教，但这件事依然久久地印在他幼小的心灵上。

因为家里贫穷，他终究没能读完小学，就开始在附近的农村当工人。他始终记得那位女老师嘲笑的态度，以及她说的那句："你怎么可能成为一个大农场主？"这句话就像一条鞭子，时时鞭策着他，让他比其他人更努力。

"那么，如果你有机会再次见到这位老师，你会对她说什么？"主持人问。

"我会感谢她，她的话的确伤害过我，但没有这种伤害，我也许会成为一个得过且过、安于现状的人，是她的反对坚定了我的决心，成就了现在的我。"

自以为是的人，总喜欢参与他人的人生，因为他们认为自己深具智慧，惊讶于有人竟然不顾他们的反对，自行其是。对于这样的人，你为什么要在乎他们的意见呢？

忧心忡忡的人，总会跟你陈述各种理由，让你知道失败究竟有多么可怕。他们觉得自己所说的每一句话都是为你好，所做的每件事都在为你打算，同时对你的"不听话"表现出生气和无奈。对这样的人，你只有做出成绩，证明自己是对的。

至于那些真心劝告你的人，你可以感谢他们，但依然不能因此而让步。这是你的人生，是你的梦想，即便他们的反对全然出自对你的关怀。事实上，只有你自己知道，究竟什么才能真正让你开怀，让你热血沸腾。

勇敢者从不畏惧他人的反对，成功者从不相信任何人口中说出的"不可能"。生命是一个直播的漫长过程，而非结局，哪怕最终走向失败，也总比不曾拼、不曾闯来得要有意义。别让那些反对票左右你的人生，拿出你的智慧，展现你的定力，勇敢地对那些反对者高举赞成的旗帜！

若反对你的是敌人，何必在乎他们的意见？若反对你的是亲人、朋友、爱人，很显然，他们的反对是为了让你活得更好。究竟什么才是对你"更好的活法"，只有你自己知道。请用事实告诉他们，你的人生究竟应该怎样精彩纷呈。

当然，须要注意的是，那些反对之声未必全然都是毫无价值的东西，你一定可以发现那些值得你深思的意见。任何的反对都有相应的理由，请认真倾听这些理由，你会对你自己、你的愿望有一次重新评估的机会。他们为什么反对你做这件事？是觉得你的能力不够、性格有欠缺，还是出于对未来的担忧？当你能静下心来听别人的意见，就会发现这些东西对你大有裨益，可以让你的思路更清楚，想法更明确，更加认识到自己的不足，从而完善自己。

　　有时，你也可以认真检讨一下，自己的愿望是否真的太过于"想当然"。如果你连篮球都不会打，却整天说有一天会征服NBA，超越迈克尔·乔丹，那也难怪别人说你是在做梦了。当然，如果在认真检讨与审视之下，你依然坚信自己的梦想，那么就勇敢去做、去拼、去闯！不要因为任何人的阻止而停留，不要为任何反对的声音而哀伤，而是大声地告诉所有人："即便你反对，不要紧，我赞成！"

07/ 上帝只拯救能够自救的人

这个世界上，每个人都对未来充满希望。不过，有些人憧憬的未来是自己创造的，而有些人憧憬的未来是其他人为自己带来的。后者想要得到幸福，却又不想为之奋斗，总期待未来某一天，天上能够掉下一个大馅饼。这样的事情或许会发生，但没人能够保证，一味地等待，只有饿死。

与其浪费光阴等待，不如努力争取。上帝只救自救之人，如果你放弃依靠自己的权利，就不能责怪上天不给你机会。

一个麻风病人躺在路边，等待着他人的救助。据说，只要能够到圣泉边，用圣泉水洗了身体，就可以痊愈。于是，这15年来，他一直躺在那里，可惜没有一个人愿意帮助他。他心里很难过，抱怨人性自私，没人可怜他，诅咒那些拒绝帮助他的人。

有一天，上帝出现在那个病人面前，问："你想去圣泉吗？"

病人说："我做梦都想去！可是，这里的人太自私了，我怎么求他们，他们都不肯背我去。"

上帝再次问他："你到底想不想去？"

病人有些恼怒，说："我当然想去！可是，等我爬到那里的时候，圣泉或许都干涸了！"

上帝生气地吼道："你真的是个懦夫！为什么要找借口呢？你总是想让别人来背你，为什么不站起来自己去呢？就算是爬，这15年你也爬到了！"

麻风病人渴望到圣泉洗去身上的疾病，然而15年都没能如愿。他把问题归咎于他人自私，没有人肯帮助自己，却始终没有认识到自己的错误。别人不是自己，他们没有理由，更没有义务努力帮助你解决问题，你埋怨别人又从何说起呢？

电影《如果·爱》中有一句台词："记住，对你最好的人永远是你自己。"求人不如求己，关键时刻还是要靠自己，这个浅显的道理人们大概都懂，但并不是每个人都能这样认真地去做。明明知道很多事情该由自己完成，却总是找出千万条理由欺人与自欺，总渴望别人能给予帮助，却不知自己的快乐要自己寻找，自己的幸福更要靠自己追求。

小艾祛除心病、拯救落魄精神的最好办法就是——读书。她习惯把自己的白色小桌搬到有阳光的窗下，在桌上放两束淡雅的百合……摊开一本赏心悦目的杂志或小说，读或不读，起码样子都相当优雅。偶尔看到一两行小耙子似的墨字，梳理思绪，过不了多久，脑中纷乱的杂物便一散而空。打开精美的日记本，写下自己的心情，给自己一些鼓励，长舒一口气，一切仿佛都刚刚开始。

景飒与小艾不同，她感到痛苦的时候，往往会跑到咖啡屋里"烧饭"。明明是喝咖啡的地方，她偏要跑到那里去吃饭。要知道，那里最简单的中式饭也要四五十块钱一份，牛排就更不用说了，再来一杯咖啡之类的饮料，一两百元就没了。所以，小艾把景飒的这种行为叫作"烧饭"。

不过，景飒对此有她的见解，她说这叫"有钱用在刀刃上"，辛苦赚钱就是为了让自己过得舒服些，自己不痛快就犒劳一下，没什么不好。如果整天拉着朋友向人诉苦，到头来人家反倒会说："唉，嫁不出去也活该，谁让你像个怨妇呢？"

　　小艾和景飒都是聪明的女人，她们有自己调节生活压力的方式，遇到苦闷之事没有怨天尤人，更没有苦苦寻求他人的安慰。她们知道，真正的痛苦别人无法帮你分担，只能从自己的一个肩膀转移到另一个肩膀。无论是读书，还是去高档茶餐厅吃饭，她们至少能够通过这些方式重新燃起生活的希望，获得心灵的宁静，自己拯救自己，不是很好吗？这种拯救不必求助于他人，无论何时遭遇苦闷，都能给自己安慰。试问：除了自己，谁又能每时每刻陪在你身边，一辈子乐此不疲地听你诉说生活的烦恼呢？

　　生活就像一盒什锦巧克力，你永远猜不到下一个是什么口味。既然烦恼是生活的一部分，一切都无可避免，你就要学会坦然面对。没有人能够让你依靠一生，人能够依靠一辈子的只有自己，所以不要期待别人来爱你，自己爱自己，你才会散发出一种光芒，你的生活才会充满爱和阳光。

　　小蜗牛总是闷闷不乐，它觉得自己的"负担"太重。终于有一天，它忍不住向妈妈抱怨："我觉得命运太不公平了，为什么我们一生都要背负这个重重的壳呢？"

　　母亲笑着说："孩子，我们的身体没有骨骼的支撑，只能爬行，速度又很慢，我们需要这个壳来保护自己。"

　　小蜗牛还是不理解："毛毛虫没有骨头，爬得也很慢，但它就不用背负重壳；蚯蚓也和我们一样，没有骨头，它也没有壳。"

　　"毛毛虫没有壳，但它有翅膀，天空能保护它；蚯蚓没有壳，但它会钻土，大地也会保护它。"妈妈给小蜗牛讲述了一番道理，试图宽慰它。可是，小蜗牛听了这番话之后，没有觉得释然，反倒哭了起来。

　　"我们真是太可怜了！天空和大地都不保护我们，我们该怎么办？"

"孩子！不要哭，我们有壳，不靠天，不靠地，只靠自己！"

人生的每天都是现场直播，你是人生的主角，决定自己的未来。你眼中看到的未来是什么色彩，你的未来便会涂上什么色彩。不要感慨这个世界不可靠，幸福握不住，首先找找自己的"壳"，发现自己的可造之处，你也能感受到幸福和安全感，这种自己给予的安全感是无可替代的。

好生活不是别人能给予的，而是自己创造出来的。世界上没有全能的上帝，每个人都是自己的救世主。如果你觉得生活不如意，这时不要抱怨命运，不要怪责他人，而要从自身角度出发，做出积极的改变。有困难，就克服，不要懒惰，而是勤奋、努力，将消极转化为积极，不会的就去学，想要的就去做……

你终会发现，那些你想要的生活，都将因你而来，一一上演。

08/ 不要放纵自己，否则你将一无是处

人生如戏，在自己的哭声中拉开序幕，在别人的哭声中落下帷幕。

既然是戏，就会有主配角之分。有人先天条件好，当主角的机会自然就大些；有人先天条件差，当配角的概率自然就高些。但主配角之间的转换是常有之事，就看你如何演绎。严肃、认真地把配角当主角演的人，终会时来运转、咸鱼翻身，成为主角。不务正业游戏人生者，就算曾经星光闪耀，也必然会将好运消磨，沦为龙套。

他是一个公认的"篮球天才"。拥有大前锋身高的他，却具备后卫球员的细腻技术，是真正可以打五个位置的球员。他曾与德怀恩·韦德一起被视为热火中兴最仰仗的力量，也曾追随科比·布莱恩特接连挑落魔术、绿军，两度捧起NBA总冠军奖杯，为湖人夺冠立下汗马功劳。

早在高中时期，他就颇有名气，是纽约著名球员，包括肯塔基、UNLV、康大、密歇根在内的诸多著名学府都向他伸出橄榄枝。在大学的处子战中，他几乎打出三双，贡献19分、14个篮板和9次助攻，并在终场前5.4秒投中制胜一球。在前八场比赛中，他的得分、篮板和助攻都居全队之首。那个赛季结束后，他以场均17.6分、9.4个篮板和3.8次助攻的表现进入"全大西洋区"第一阵容，成为最佳新秀。

1999年，他参加NBA选秀，在首轮第四顺位被快船队选中。职业生涯首个赛季，他出战76场，场均得到16.6分、7.8个篮板和4.2次助

攻，入选最佳新秀阵容第一队，全能潜质展露无遗。

2003~2004年赛季，他以自由球员的身份加盟热火，与卡隆·巴特勒、埃迪·琼斯以及新秀德怀恩·韦德等带领球队打出42胜40负的战绩，球队闯进阔别两年的季后赛。他出战80场，场均拿到17.1分、9.7个篮板和4.1次助攻，身手不凡。

2008~2009年赛季，在湖人先发中锋拜纳姆状态不佳的情况下，他横刀立马，挺身而出，为湖人擒下魔术，夺取总冠军，立下汗马功劳。

2009~2010年赛季，他不仅可以扮演组织前锋，也为科比提供了充足的火力支援。总决赛中，湖人经过七场大战，挑落宿敌凯尔特人，他功不可没。

2010~2011年赛季，他荣膺赛季最佳第六人，达到职业生涯的巅峰。这个时候，他爱情、事业双丰收，人生春风得意。

想必喜欢篮球的朋友已然明了，他就是拉马尔·奥多姆，那个曾被誉为"左手魔术师"的天才篮球运动员。

当时谁也不曾料到，奥多姆生命中的一切星光，竟在不久之后就戏剧般、毫无征兆地黯然熄灭了。

因为不满湖人管理层拿自己做交易筹码，奥多姆主动要求离队，不久之后，被送至达拉斯小牛队。正常人的逻辑应该是这样的——假如你抛弃了我，我就证明给你看，你是错误的！奥多姆不是，他像个不懂事的孩子一样开始自暴自弃，说："打球越来越像工作，只是工作。"他对篮球没有了热情。

从此，奥多姆的职业生涯一落千丈，无论在小牛还是快船，乃至后来的纽约尼克斯，他的工作态度都更像是敷衍了事，完全没有了昔日全能战士的风采。他开始游戏人生，吸毒、嫖娼，陷入离婚绯闻，生活中麻烦不断。美国时间2015年10月13日下午，奥多姆在内华达州水晶区服药后不省人事，入院抢救，怀疑因滥用药品纵欲过度。

奥多姆病重的消息传出以后，大众将矛头直指他的前妻科勒·卡戴珊及其所在的卡戴珊家族。但实际上，在奥多姆之前，篮网球星亨弗里斯在与金·卡戴珊的婚姻闹剧后，不过是留下一身提及卡戴珊骂骂咧咧的毛病。奥多姆的悲剧，归根结底还是与他脆弱敏感的内心有关。虽然生活简单粗暴地虐待了他，但这是根源吗？如果自己有心堕落，就算所有人都时时刻刻围着你，其实也是徒劳。

从奥多姆游戏人生的那一刻起，他就已经输掉了自己的一生。

人最不应该犯的错误，就是放纵自己。假如我们放纵了自己，把生命当成游戏，我们将会在以后的生活中遭遇非常难堪的境遇。

人生没有彩排，每天都是现场直播。你没有任何借口放纵自己，除非愿意被人指指点点，遭人白眼鄙夷。我们应该告诉自己，有能力演好人生这场戏，成为戏中主角。尽管这可能需要很多时间，但如果这一集成功了，就还会有成功的下一集，最后将带着圆满的结局落下帷幕。

09/ 你真正败给的，只有自己

看着练习册上复杂的题目，你感到有些烦躁，心想不如放松一下吧，于是酣畅淋漓地打了一场球。考试卷上，那道做不出来的复杂题目让你失去5分，成绩排行榜上，你的排名下降了6位。你输给的，是名次排在你前面的人，还是一时懒惰的自己？

毕业晚会上，你看着暗恋三年的女孩，却始终不敢走上前，心想要是她拒绝怎么办，岂不是很没面子，或者连朋友也不能再做。当你犹豫不前时，她已经把手交给了另一位邀请她跳舞的男士。你输给的，是比你勇敢的男士，还是胆小怯懦的自己？

面对眼前这位难搞的客户，你感到有些力不从心，心想还是躲一躲吧，反正马上就下班了。当你走进茶水间给自己倒了一杯咖啡的时候，另一位同事已经热情地迎了上去，巧舌如簧，哄得客户喜笑颜开。年终业绩排名，由于赢得那位难搞客户的一张大订单，同事的业绩远远超过你。你输给的，是业绩优秀的同事，还是轻言放弃的自己？

莎士比亚曾说："假使我们自己将自己比作泥土，那就真要成为别人践踏的东西了。"很多时候，我们以为输给了别人的优秀，但实际上，真正败给的，却是自己。

有这样一个真实的故事：

罗伯特·菲利普是一位从事个性分析的美国专家。有一次，他在办公室接待了一个因企业倒闭而负债累累的流浪者。

　　这位流浪者走进办公室的时候，罗伯特从头到脚认真地打量了他一遍：茫然的眼神、沮丧的皱纹、十来天未刮的胡须以及紧张的神态。这就是罗伯特从他身上所看到的一切。

　　"嘿，先生，虽然我没有办法帮助你，但如果你愿意的话，我可以介绍你去见本大楼的一个人，我想他可以帮助你赚回所损失的钱，协助你东山再起。"罗伯特认真地对这位流浪者说道。

　　听到这话，流浪者的眼睛迸发出一丝光彩，兴奋地抓住罗伯特的手，声音颤抖地说道："天哪！看在老天爷的份儿上，请快点带我去见他吧！"

　　罗伯特带着这位流浪者走到一块看来像是挂在墙上的窗帘布之前，然后一把掀开，一面巨大的镜子赫然出现在流浪者眼前。他可以从镜子里清晰地看到自己如今的样子。

　　"能帮助你的就是这个人。"罗伯特指着映照在镜子里的流浪者说道，"在这世界上，只有这个人能够使你东山再起。你觉得你失败了，是因为输给了外部环境或者别人吗？不，你只是输给了自己。"

　　流浪者惊诧地看着镜子里的自己，怔愣了许久，缓缓抬起手，摸了摸自己长满胡须的脸，然后又退后几步，最终低下头痛哭起来。

　　几天之后，罗伯特在街上又巧遇了这位流浪者。这时候的他，和前几天已经完全不同：他穿上了一套虽然有些陈旧却非常干净笔挺的西装，胡子也刮得干干净净，露出白净的脸庞。他的步伐轻快有力，头抬得高高的，原来那种衰老、不安、紧张的姿态，已经消失不见。

　　他告诉罗伯特，自己已经找到一份推销员的工作。再后来，这个流浪者东山再起，成为芝加哥人人都认识的大富翁。

　　在人的漫长一生中，人最怕的不是失败，而是失败之后是否还能重新站起来。人生道路上，失败与挫折永远无法避免。很多人与成功无缘，实际上并非败给失败与挫折本身，而是输给了自己的内心。当你的内心已经承认失败，决定放弃时，就注定与成功无缘了。

人这一生，最难战胜的敌人就是自己。就连曾经几乎统治了半个地球的拿破仑，在战败后被囚禁在一座小岛上时，也曾陷入烦闷痛苦中无法自拔，无限感慨地叹息道："我可以战胜无数的敌人，却无法战胜自己的心"。

人生在世，想要战胜自己并不简单，但相应的，只要战胜了自己，你便能赢得一切。战胜自己的懒惰，你才能取得更大的进步；战胜自己的怯懦，你就会赢得更多的机会；战胜自己的退缩，下一步或许就能踏上成功的彼岸。

10/ 做自己喜欢的事最幸福

"我们都会变成自己曾经最讨厌的样子。"这是电影《致我们终将逝去的青春》中的台词，瞬间戳中无数人的内心。为什么会有这么无奈的改变？生存的压力、现实的严峻、人际的残酷……太多的理由逼迫我们改变。生命只有一次，在有限的时间内，如果一味地随波逐流，生活还有多少波澜和乐趣呢？

刘昌是一个很沉闷的人，平时不喜欢与人交流，总爱一个人抽闷烟。然而，在外人眼里，刘昌的人生简直顺风顺水。大学毕业后，他就接替了父亲的公司，直接当上经理，年薪上百万。而且，妻子貌美，孩子懂事，一家人全都健健康康的。为什么刘昌总是看起来烦闷无比？对此，有人解释为"身在福中不知福""有些故作深沉""太如意了，没事找事"，这些都不是好词。

但只有刘昌明白，从小到大，几乎每个重要决定都不是他的心意。大学填报志愿时，刘昌很想报考喜欢的金融系，可却觉得金融类就业形势严峻，不如学管理，将来工作了，既高薪又风光。总算熬到毕业，刘昌想和其他同学一样去大城市闯一闯，但在家人的劝说下进入自家企业，做着自己不喜欢、不擅长的管理工作。刘昌本有一位青梅竹马，一起长大的伙伴，两人互相了解，在一起有很多话说，但父亲却觉得女孩家境普通。抵抗不过父亲的百般阻挠，刘昌最终也妥协了。虽然妻子长得漂亮，性格温顺，对自己也好，但他就是说不上喜欢。

没有人喜欢自己的人生被安排，这是刘昌内心苦闷的原因。"大家都羡慕我过得不错，但没有人愿意理解我，也没有人明白这些其实不是我所喜欢的。我讨厌这种中规中矩、一直被安排的生活，我只想挣脱。"一个人的深夜，刘昌喝着酒说出这番话，当时他的眼里，有亮晶晶的东西滑过。

不能按着自己的意愿而活，那活着又有什么意思？同样是一生，为什么别人的人生是精彩的，我们的人生注定乏味、呆板？

一个人若想证明自己活过，若想活得无怨无悔，就不能变成自己最讨厌的样子，而应该变成自己最理想的样子。要做到这一点，不难，主动发现生活的美好，和自己喜欢的一切在一起，爱你所过的生活，过你所爱的生活。人生只有一次，为了这种生命状态，无论如何，都值得一试，不是吗？

孙明从小就喜欢踢足球，他参加过学校的球队，曾在中学比赛上大出风头，每天都会练习足球。父母认为他会成为一个足球运动员，他也有自己的粉丝团和后援网站，就连他自己都幻想过有朝一日进入足球俱乐部，成为一名球星。

除了足球，孙明还喜欢学习数学，他的数学成绩一直名列前茅，认为数学也是他的一大爱好，将来进入一所不错的大学学习数学、经济或者计算机，都是不错的出路。他也想过今后当一位研究员，或者一位教授。

孙明是一个早熟的人，早早开始规划一生的事业，却发现不论数学还是足球，都不能满足他对未来职业的想象。他希望未来的职业是自由的，能够接触大量人群的，需要不断学习的，收入稳定的，有不错社会地位的，最重要的是，他必须喜欢这个工作。

他开始寻找适合自己的职业，当过销售员，办过网站，做过讲师，当过公寓管理员。他换了十几种工作，却没有遇到最理想的那一种，但从不灰心。孙明认为，在遇到最喜欢的职业之前，一定会遇到不那么合适的。他享受尝试的过程，并把它们当作经验来积累。

一个偶然的机会，孙明接触了心理学，他被心理医生这个职业迷住了。这个职业看上去和他之前的爱好毫无关系，却能够帮助病人走出心理危机，让他有了空前的成就感。他认真地学习，考取资格证书，实习，开诊所。如今，他已经是一位有名的心理咨询师，写的书热销全国。

每个人都想做自己喜欢的事，却很少有人愿意改变自己的生活。他们甚至来不及发现自己究竟喜欢什么，就糊里糊涂地过上了既定的生活。或许又因为懒惰、懈怠、失望、恐惧，不再去尝试。当一个人安于现状、没有改变愿望又总是怕麻烦时，他会不会有好的人生呢？答案显然是否定的。

一个人是平庸还是卓越，不是你的出身，而是你的努力。也就是说，你现在的处境和状态并不打紧，关键是你向往的是怎样的生活？你喜欢的是怎样的人生？喜欢什么，就去花时间、花精力努力争取。这样做的意义在于：只要你努力做了，你就离喜欢的人生更近一步。

许多时候，做自己喜欢做的事，不是为了证明自己可以过得比别人好，而是为了证明自己想要的东西，通过自身的努力一样可以得到。

Chapter 2 / 我们都是别人眼中的风景，
/ 一言一行总关情

　　一个人要想闪耀出自己的光芒，就要将人生当作一场自我完善的修行，时时刻刻以自律修身，细心地调试自己、约束自己、雕琢自己，对自己的一切言行负责。如此，你将犹如洒了一地馨香的玉兰，一路走过，一路芬芳。

01/ 千万别将"火种"带在身上

只要是人，都会有情绪，或多或少，喜怒哀乐都是免不了的。情绪往往能够左右我们的心情，乃至影响我们在日常生活中的言行。想必每个人都有体会，心情愉悦舒爽时，说话做事也会觉得轻松自如，但如果心里充满愤怒，待人接物时也就难免会态度冰冷，缺乏耐心了。

人人都懂大道理，却难以控制小情绪。情绪的发作就像泼水，泼出去的水无法再收回，发作的脾气也一样收不回来，既伤人又伤己。情绪是心魔，你不控制它，它便吞噬你。任何时候，一个人都不应该成为情绪的奴隶，让自己的一切行动受制于情绪，而应更好地控制情绪。

日常生活中，培养耐心与宽容心非常重要。生活不可能事事如意，我们总会遇到一些不如意的事情，这时只有耐心和宽容心能让我们保持情绪平和。一个人拥有耐心与宽容心，才能做到宠辱不惊，笑看生活磨难。哪怕日子过得很不宽裕，也不会被恶劣的环境所摧毁。

话虽如此，但客观来说，培养耐心与宽容心，也不是一件容易的事。很多时候，大道理我们都懂，但就是难以控制心中涌动的不良情绪，尤其是那些让我们气急败坏的愤怒情绪，更是难以掌控。这个时候，我们又该如何是好呢？

生活中，很多人控制情绪的手段，都是一个字——忍。工作上遇到难缠的客户，忍；生活中遇到无礼的邻居，忍。但问题是，人的忍耐是有限度的。人的不良情绪就好像流水一般，当水流较小的时候，你轻易就能用砖墙将它堵截起来。但时间长了，被堵截的情绪就会越来越多，水平面也会越升越高，一旦某天堵截的砖墙有一点儿小缺口，便会酿成一场排山倒海的洪灾，就如同水库大坝决堤一般。那件看似引发我们愤怒的事情，其实就是那个小小的缺口。

深夜，一个年轻人坐在小酒馆里，边喝酒边自言自语，他的神情流露出一股得意至极的神色。酒保看到年轻人的表情，禁不住好奇地问道："先生，您是发生了什么好事吗？怎么如此开心呢？"

这个年轻人看了看酒保，得意扬扬地回答道："这里有个家伙实在太讨厌了，每次遇到我，都会在我背上重重拍一巴掌，这让我感觉非常不舒服。我警告过他很多次，让他别再这么做了，他就是不听。今天，我在背上偷偷藏了一个炸药包。等遇见他时，他要是再拍我的背，肯定会把他的手炸得稀巴烂！"

多么可笑！想必看到这个故事的人都会觉得，这个年轻人怎会如此小心眼？不过是一件微不足道的小事，何至于此！如果他真的因此炸伤了那个总拍他背的人，估计他受的伤也不会比对方轻，更不用说之后将会面临的牢狱之灾了。付出这样的代价，真的值得吗？大概任何一个有理智的人，都不会这样做吧。

但在现实生活中，类似这样的事情，其实还真的不少。每天打开社会新闻栏目：丈夫因无法忍受妻子的唠叨而将其杀死；大学舍友因口角反目成仇，甚至投毒报复；公司同事因琐碎的争执大打出手……这样的新闻报道屡见不鲜，导致犯罪的理由也总让人哭笑不得。不过是些鸡毛蒜皮的小事，怎么就能引发危及生命的犯罪呢？其实，追根溯源，真正导致这些惨痛后果的，并非这一件或几件事情，而是长久以来的压抑与不良情绪的堆积。

因此，一味地忍让，不仅不能化解心中郁结的情绪，反而可能将小小的怒火不断堆积，直至某天突然大爆发。那么，面对愤怒，我们究竟该怎么做呢？

陈淼从某高校心理学硕士毕业后，进入一家心理治疗机构工作。她入职的第一天，同事带她参观工作环境时，陈淼就在走廊上听到一阵令人毛骨悚然的尖叫："我很生气……"

"大声点！"

"我很生气！"

"再大声点！让我亲眼看到你的怒气！"

"我很生气！我很生气！我恨你！我恨你！"

虽然陈淼在学习期间就了解到这是心理治疗的一种方法，但身临其境的时候，还是有点不寒而栗。她禁不住向同事询问说，是不是有人亟需帮帮？

同事笑着说："不用担心，他们只是在做治疗，帮助病人发泄出内心的愤怒。"

稍晚些时，陈淼遇到了那位接受治疗的患者。她看上去一副筋疲力竭的样子，但脸上的神情却显得很轻松，好像体内的怒火都被熄灭了。

众所周知，治理洪水，关键在于疏通，而非堵截。在来势汹汹的洪流面前，一味地堵截只会让水流蓄积越来越多的力量，最终造成难以想象的破坏后果。但如果懂得进行合理的疏通、分流，我们便能将蓄积的洪流分散成一支支温和的水流，让水流朝着不同的方向缓缓流去。人的情绪其实也是这样，一味地压抑克制，只会让不良情绪堵截起来，一旦某天再也压抑不住、控制不了了，便会爆发出惊天动地的愤怒。但如果能够找到一个排解的方法，为愤怒寻求一个出口，只要心中一积聚起愤怒的情绪，就让其随着这个出口缓缓排出，发泄干净，自然不用担心它会突然爆发。

　　每一次微小的情绪，就像一点小小的火星。俗话说，"星星之火可以燎原"，当这些火星越积越多时，便可能爆发出一场足以摧毁一切的火灾，到时候再怎么后悔也无济于事。所以，控制情绪不是堵，而要疏，千万别将"火种"带在身上、埋在心里。谁能做到这一点，谁就能掌握住自己的人生。

02/ 尊敬他人，就是尊敬自己

人生每天都是现场直播，一个人的品质不仅体现于他的成绩、成就，而且体现于他每时每刻的为人。其中，尊重他人是一个人的修养、魅力的体现。一个受人爱戴的人，不一定穿着华丽的衣服，拥有名贵的车子，或有至高无上的权力和地位——他所付出的其实很简单，那就是对他人的尊重。

有人说过："尊重他人，是赢得他人尊重的开端。"是的，我们每个人都有被人尊重的欲望，但尊重是相互的，只有你尊重别人，别人才会尊重你。而且，相互尊重是疏通、协调各种人际关系时最重要的一环。只有相互尊重，才能打消对方的疑虑，博得对方的信任，创造真诚的友情。

1987年9月22日，哈佛大学的雷万恩教授正在给所有一年级的博士生上人类与心理发展研讨课。

开始上课时，雷万恩教授对大家说："同学们，非常欢迎你来哈佛大学求学，今天是大家第一天上课。在给大家上课之前，我希望大家在哈佛大学的学生生涯中，不仅要学会做学生，学会做学问，还要学会做人。"说到这里，雷万恩教授刻意停顿了一下，此时已是一片寂静。他接着说："尤其要尊重别人。"

说到这里，雷万恩教授问大家："我讲这些话，大家有没有什么问题？"

"能不能举几个例子说明一下？"有个同学开口说。

"好！"雷万恩教授笑笑说："在我们系里，论私交，我与柯尔伯格的关系最密切。我们毕业于同一所大学，又一同留校工作，后来一起到教育学院教书。由于学术见解的差异，我们两个有一段时间几乎到了水火不容的地步。他极力主张人类的道德发展是一致的，而且是一成不变的；而我则主张，人类的道德发展存在巨大的文化差异。就这个问题，我们定了一条君子协定，就是尽量当面争吵，但背后不要议论对方，而且还要尽量说对方的好话。所以，我现在告诉大家，柯尔伯格是美国乃至世界著名的心理学家，他的理论对心理学的发展做出了突出贡献。你们说，我是不是在真诚地夸赞他呢？"

大家听了都笑起来，但突然，雷万恩教授沉寂下来，一脸沉重地对大家说："可惜，你们今后再也听不到柯尔伯格对我的赞赏了，他今年年初不幸去世。他的死对系里和我本人来讲，都是一个沉重的打击。他是一个真正的学者，别人用四年时间读大学，而他只需要两年时间就把整个大学的内容读完了。后来，在人类道德发展研究中，他又巧妙地运用一个有关两难抉择的故事，使皮亚杰的认知理论在美国发扬光大，也使他的案例研究法为各个学科的学者广泛运用。在心理学历史上，没有一个人像他一样能从对一个小故事的不同判断开创出一套十分完整的理论体系。所以，柯尔伯格为我们开辟了这个先河……"

雷万恩教授在柯尔伯格生前与他在学术上争论不休，但他们仍保持互相尊重。学术上的分歧，让他们一步步接近真理，彼此的尊重让他们成为志趣相投的朋友。一个不尊重他人的人，绝不会得到别人的尊重，就如一个人对着空旷的大山大声呼喊，你对它不友好，它就不会友好地回应。

人际交往中，你待人处事的态度，往往决定别人对你的态度。毫不夸张地说，你对他人的尊重，就是盛开在别人心间的一朵花，这朵花正是你在他眼中的样子。

真正的尊重，不分能力强弱和权势高低。现实生活中，很多人难以摆脱世俗的影响，他们对那些有钱的、有权势的、有学识的、有能力的、有地位的、有美貌的人，表示了足够的尊重。这样的行为，其实是一种对自己的不尊重。尊重是不分界限的，我们应该尊重每一个人。

任何一个伟大的人都有渺小的一刻，任何一个平凡的人也都有伟大的瞬间，而尊重别人是需要时时刻刻去做的。孟德斯鸠说："人生而平等，无高低贵贱等级的差异。我们没有权利因为后天的给予而对别人颐指气使，也没有理由抱怨后天的际遇。在人之上，要视别人为人；在人之下，要视自己为人。它，能帮助我们如何做人。"

每个人都有权利得到尊重，你是这样，别人也是如此。在任何时候，我们都应该把对他人的狭隘与偏见丢掉，平等地待人。面对他人的决定、错误、意见和选择，我们即便不能认同，也应该表示理解。因为一个真正的明白人会比谁都清楚，对人尊重就是尊重自己。

03/ 自命不凡的人，都活成了什么样

显露自己的能力是人性中的一大特点，就像孔雀喜欢炫耀美丽的羽毛一样。人有才能是好事，但如果因为自己的才能出众而得意忘形、狂妄自大，就不是什么好事了，只会让人心生厌恶。

卡耐基曾指出："如果我们只是在别人面前炫耀自己，使别人对我们感兴趣，我们将永远不会有许多真实而诚挚的朋友。"

一天，一位形象不俗、自带明星气质的女子来找同事，正巧同事不在，她寒暄几句后便转身离去。等同事回来，办公室的人把情况做了转告，临了还意犹未尽地说了句："这么漂亮的女人，不去做演员真是可惜了！"同事笑道："你怎么知道她没有去当演员？她不仅做过演员，还曾与一个很重要的角色失之交臂！"说着，她报出了那个角色，整个办公室的人都为之一惊——那可是令原本籍籍无名的女演员一夜间红遍大江南北的角色！

众人煞是不解，她怎么就失之交臂了呢？同事继续解释说，当时导演挑女主角，挑来挑去只剩下两名候选人——她和日后走红的那位演员。论外形、气质，她都更好一点，只是脸上三两颗遮盖不了的"美人痣"令导演有一点犹豫，不过虽然犹豫，但还是倾向于她。然而就在这时，她自认为胜券在握、无人可比，言谈举止总想引起别人注意，表现出一副沾沾自喜的样子，结果形象受损。10年来，她不得不从事着自己并不喜欢的工作，其中郁积的遗憾和委屈，恐怕只有她自己才最清楚。

做人不可太狂妄，狂妄则遭人嫉恨，有碍进取。这位女子的遭遇，真是可悲可叹。如果你想要避免遭受挫折，就要忍住狂妄之心，千万不能自命不凡。

山不解释自己的高度，并不影响它耸立云端；海不解释自己的深度，并不影响它容纳百川；地不解释自己的厚度，但没有谁能取代它作为万物的地位……一个人有多少本事，别人都看在眼里，不用自己张扬显示。真正有大智慧和大才华的人，必定是低调的、谦虚的，时刻自律自己的言行。

三年前，他还是个桀骜不驯的小男生，因为家境富裕，便以为自己天生不凡。他讨厌自己的工作，认为它配不上如此不凡的自己；他讨厌自己所在的城市，认为它是那样小，小到不管走到哪里，都能看到那些令人厌烦的鄙俗面孔；他甚至讨厌自己的父母，认为他们是那样老土，又是那么唠叨，根本不懂他在想什么。他顶撞父母，和他们争吵，最后带着怒气离开家门，前往深圳追求自己所谓的梦想。

来到深圳，他才知道，自己妄加的不凡，在这个大都市里，看上去是多么可笑。他那看上去还不错的家境，在这里比比皆是；他那引以为傲的小才情，在这里一文不值。他辗转一月，才找到一份不至于让自己太丢脸的工作。公司的不远处有家小酒店，每每遇到不开心的事情，他都会来到这里，因为这里有位中年艺人，不管别人说他什么，他都可以当作没有听见，依然笑眯眯地待人。

那天，他被老板说了几句，心情很不好，当时真想大吼一句"老子不干了！"但想到即将要缴纳的房租，他忍了又忍，心中却怒火中烧。于是，在小酒店旁边，他挑衅似的把一枚一角硬币扔到中年艺人面前，期待着对方受辱后与自己争吵。可是他错了，中年艺人微笑着把钱捡了起来，并向他表示感谢。那一瞬间，内疚之情油然而生，他很想说声抱歉，可对方并没有给他机会。在他犹豫着的时候，中年人收起东西，走了。

转过神儿来，他想去和那位艺人道歉，并愿意给他100元作为补偿。他来到酒店附近，没有看到那个人，心中竟有几分失落。他又去过几次，那个地方依然是空荡荡的。这件事随着时间的推移被他逐渐淡忘，但他的"小个性"打那儿以后竟收敛了一些。直到数月以后，他在商业街看到一位西装革履、气度不凡的中年男人。是他？竟然真的是他！他正是那位艺人。中年艺人也看到了他，径直走了过来。

他欲张口道歉，话到嘴边，却说不出来。中年人将他邀请到家中，他顿时惊呆了——他的家好美，一座欧式别墅，数量豪车整齐地停放其中。他尴尬极了，鼓了半天勇气，才低声说道："那天，真不好意思。"中年男人还是那样地微笑着："没什么，其实我还要感谢你。"原来，眼前这个中年男人是一家知名企业的老总，年轻时气势太盛，十分霸道，从不知道收敛自己，最终逼走了爱人，孩子与自己也是针锋相对，最后离家出走。他追悔莫及，于是一有时间就去街头卖艺，为的是尝试受人冷眼，让自己静下心来，忍住狂妄之心。

最后，中年男人对他说："你和我年轻时很像，自命不凡，目空一切，浑身上下充满骄傲与戾气。小伙子，趁年轻，改改吧。"

他感觉自己被上了人生中最重要的一课。自此以后，他不再自命不凡，而是踏踏实实地对待工作。经过几年的积累与充实，他成功应聘到那位中年男人的公司。又过了几年，他成了他最得力的助手。

一个人的真正伟大之处，在于能认识到自己的渺小，而不是自命不凡。

在与人交往的过程中，我们要始终保持谦虚的心，低调的姿态，埋头学习，如此不致迷失自己。这一如开在尘埃中的花朵，多了一份无华的朴实，少了一份浅薄的喧哗，必然能够吸天地之灵气，集日月之精华。伴随岁月流逝，你定能不断积累、迸发、再积累、再迸发，最终实现完美的自我。

04/ 生而为人，贵在自知之明

越是知识渊博的人，往往越不喜欢夸夸其谈，因为学的知识越多，越会发现自己懂的东西其实太少。知识本身是让人畏惧和敬重的，越是深入了解，就越能发现自己的不足。那些总以为自己无所不知的人，其实往往才是最无知的。就像那些总喜欢和别人炫耀自己懂得多的人，其实往往只是学了皮毛而已。

把一知半解当作炫耀资本的人，有时或许可以骗到一些不懂行的人，但遇到真正的高手时，却只能一问三不知地原形毕露。他们的知识就像水面上的浮萍，没有根底，也没有实际功用。

在古代，有个鲁国人擅长做木工，他建的房子受到乡亲们的夸奖，更有人说，他的建筑才能简直可与著名的鲁班媲美。这个鲁国人不过是一个樵夫，平日上山砍柴，有时候帮别人用木材盖房子，房子虽然漂亮，但远远不及精品。不过，在乡亲们日复一日的夸奖中，他渐渐骄傲自满，以为自己真的有媲美鲁班的本事。

这一天，他走了很远的路去找鲁班，想要和鲁班比试盖房子的本领。鲁班说："既然如此，让我看看你会盖什么吧。"

鲁国人拿出自己的斧头说："我会在山林里砍木柴，再把它们盖成遮风避雨的房子。"

鲁班微笑着说："难道只盖房子吗？木材可以造船、造桥、造桶、造家常摆设，这些你会吗？"

这个狂妄的鲁国人听了，灰溜溜地走出鲁班的家。

从此，人们常用"班门弄斧"这个成语，来嘲笑那些喜欢卖弄本领的人。

俗话说，"一瓶子不摇半瓶子晃"，正是用来形容那些明明只学了皮毛却喜欢炫耀自己懂得多的人。这样的人，往往最容易受人撩拨，习惯逞口舌之快，沾沾自喜地以为自己无所不能，生怕别人不知道他怀揣多少东西。而一旦遇到懂行的人，这样的不自量力，往往只能沦为笑话。

人生在世，谁都希望得到别人的赞赏和肯定，这是非常正常的。但如果因为自己某方面比别人优秀，便处处表现，恨不得叫喊得让全世界都知道自己的本事，那就显得有些"掉价"了。你叫喊得越是响亮，别人对你的期待值自然就越高，倘若你的本事远不如别人对你的期待，你当初的叫嚣岂不是反而成了一种讽刺？相反，如果你低调谦虚，在恰当的时候再把自己的本事展露人前，那不仅能让你一鸣惊人，更能博得谦虚的好名声，何乐而不为？

常言道："腹有诗书气自华。"知识在于沉淀，真正的学识是由内而外透出的气质，而不是挂在嘴边炫耀的闲话。一个人的知识，只有出自深厚的积累，才能让他在任何时候都习惯于深思熟虑。他掌握着大量的知识和信息，可供判断的依据比别人更多，自然会显得比旁人更加沉默。真正的知识来自读万卷书、行万里路，有这样的学习态度，才能不断扩大自己的视野。

有过面试经验的人知道，吹嘘自己是求职的大忌。人事经理会通过应聘者的学识和谈吐来判断其是否适合为本公司服务，一个吹嘘自己什么都会的人，往往不能取信于人，他们给人的第一印象并不是知识渊博，而是只知其一不知其二就出来炫耀。这样肤浅的性格，只会让人觉得不堪重任，多数公司都不喜欢录用这样的员工。

招聘会上，一个应聘者正在对考官吹嘘自己的能力，说自己不但专业成绩优秀，还会德语和西班牙语，考过会计证，学过钢琴，高尔夫球打得也不错。

几个考官彼此互看了几眼，其中一个笑了笑，顺口问起几个关于高尔夫球的问题。应聘者对有些问题能够应对，对有些问题则回答得支支吾吾。另一位考官问了几个关于钢琴演奏的问题，发现应聘者对钢琴不过略知皮毛。

最后，考官幽默地说："你很优秀，但我们公司只需要一个认识中国字的排版员。"应聘者顿时哑口无言。

显然，考官认为这个应聘者兴趣太广、成果不多，甚至有吹牛的嫌疑。这样的人，能够安心做事吗？广泛栽花，一无所获，就是不能专心致志的必然结果。

业精于勤，贵于专。相比一个什么都只懂皮毛的人来说，只懂一件事，却能把那件事吃透、研究明白的人，显然更要令人佩服得多。人的精力是有限的，即便你是一个天才，也不可能将世界上所有的东西全部学会，更何况，芸芸众生中，绝大多数人不过是普通平凡的人罢了。因此，当你大声吹嘘自己多么优秀、多么博学的时候，也要想想，别人究竟会不会相信。退一万步说，即便真的有人信了，到真正需要你展露本事的时候，你又拿得出什么样的东西来服众呢？

敢于承认自己无知的人比掩饰自己无知的人要可爱得多。

这是因为，敢于承认自己无知，至少说明这人有自知之明，看得到自己的不足。只要能看到自己的不足，那就意味着有改善的机会和提升的空间。那些明明什么都不懂却总是喜欢装懂的人，连自己的弱势都不敢承认，或者说都不曾发现，又怎么指望他们能有什么发展和突破呢？

05/ 不惊慌，不失措，越危急，越冷静

越是情况危急的时候，人就越容易犯错，这是普通人都存在的一个特征。我们在生活中经常会说的一些词，如"惊呆了""急懵了""惊慌失措"等，所形容的正是这种状况。正是因为这种惊呆和急懵，很多原本可以避免的不幸或失败依然还是发生了。

古今中外，因为不冷静而铸成大错的例子不胜枚举。著名的俄罗斯诗人普希金，就是因为不够冷静，当听说自己的情人被他人纠缠时，冲动地找他的情敌比剑，结果白白断送年轻的性命，成为世界文学史上的重大损失。

《三国演义》中的关羽由于不够冷静，不能对当时的战场情况做出正确的分析，一味地蔑视敌人，结果败走麦城，死于无名小卒的绊马绳索之下；

著名的爱情故事《罗密欧与朱丽叶》中，罗密欧因为看到自己的爱人死于毒药之下而不够冷静，冲动地喝下毒药，结果爱人醒来，他却死去，空留悲切！

不冷静的时候，人的大脑思维是受约束的，不会考虑前因后果，往往缺乏深思熟虑，做出的决定很容易出现偏差和错误，事后又后悔莫及。

事实上，很多时候假如你能保持冷静的情绪、清醒的头脑，许多悲剧都是可以杜绝和避免的。就像伟大的军师诸葛亮一样，面对兵临城下的司马懿大军，依然保持冷静的头脑，上演一出"空城计"，以

一己之力击退司马懿的重兵，这是何等的冷静和睿智！普通人与卓尔不凡者的差距，正在于此。

西方有这样一则非常著名的寓言故事：

一只狮子被猎人捉来后扔进笼子里，这时正巧一只蚊子飞过，它看到狮子在笼子里不停地走来走去，就好奇地问狮子说："你这样走来走去，干什么呢？"

狮子回答说："我在找能够逃出去的路。"

可走了许久之后，狮子也没有找到可以逃脱的方法，于是干脆躺下来休息，不再去做徒劳的努力。蚊子看到狮子躺下，自己反而着急起来，不停地绕着狮子飞，一边飞，一边火急火燎地询问它究竟要如何逃出去。

狮子无精打采地瞥了蚊子一眼，说道："我现在在休息，因为找不到逃出去的办法，所以还是先养足体力，耐心地等待机会吧。"

当蚊子还想问时，狮子终于发火了："你总是这样问来问去的，有什么意义？我始终都清楚自己在想什么、在干什么，因为我一直保持清醒，实在逃不出去我也没有办法。我已经尽力了，不像你只会问来问去。"

有一句话是这样说的："冷静质疑是理想的筋骨。保持冷静质疑的态度也是清醒的表现，人生中最大的痛苦就是糊涂一生，虽然有时会说糊涂也是一种幸福，但更多的则是悲伤与苦涩。"牢笼里的狮子值得尊敬，且不说它究竟是否能逃脱被囚禁的命运，但在深陷危机之际，它始终保持着冷静清醒的头脑，单凭这一份气魄就值得人们佩服。

人也该如此，无论何时都保持冷静，只有在头脑清醒的情况下，我们才能做出最正确、最有利的决定，也才有化险为夷的机会和可能。要记住，越在危急的时候，我们越是需要冷静。假如生活出现重大变故，唯有保持镇定与冷静，我们才有机会逃出生天，扭转乾坤。尤其是作为领袖人物，哪怕已经毫无办法，你至少也得让自己看上去是镇静的。惊慌失措往往具有可怕的感染性，当你把这种坏情绪传染给身边人的时候，除了让情况更加混乱、让人们更加惊慌外，没有任何帮助。

有这样一则童话，说青蛙王国的国王要为女儿选纳贤良，要求组织一场攀爬比赛，第一个爬到塔顶的青蛙，就会得到貌美如花的公主。

那是一座非常高的铁塔，仰头都看不到它的顶端，仿佛直插云霄一样，看一眼就让人感觉头晕目眩。虽然来报名的青蛙非常多，但一看到这座高塔，许多青蛙在比赛开始之前，就因害怕而退出了比赛。

在淘汰一大批青蛙之后，比赛正式开始。看着争先恐后涌上高塔的选手，围观的群蛙开始议论纷纷，他们认为爬塔难度太高，不可能成功。

确实，这座铁塔非常难爬，又陡又滑，一不小心就可能丧命。再加上，群蛙们不停的议论声音，许多青蛙刚爬没几步就泄气退出了，仅有情绪高涨的几只还在往上爬。

群蛙们继续喊着太难了，不可能爬上塔顶的，会丧命，赶紧下来。

就这样，越来越多的青蛙在身心疲惫之下，相继退出比赛。

最后，当其他的青蛙都退出比赛时，仅有一只还在继续向上爬，越爬越高，一点也没有放弃的意思。最终，他成为唯一一只到达塔顶的胜利者。

它哪来那么大的毅力爬完全程呢？难道它不知道爬塔很危险吗？

难道他没听到塔下群蛙的议论吗？

大家议论纷纷，胜利者却置若罔闻。

这时大家才发现，这只抱得美人归的青蛙，原来是个聋子！

耳清目明的都被吓怕了，听不到议论的反而成了最后的胜利者。这个结局似乎有些出乎意料，但仔细想想，其实也在情理之中。聋子正是因为听不到，所以没有被周围的恐慌气氛所影响，反而保持冷静的态度，一心向着目标前进，直至最终登上胜利的巅峰。可见，很多时候，我们之所以感到恐慌，未必是因为处境真的有多么可怕，而是那些不冷静的流言和惊慌失措的情绪放大了心中的恐惧，无形之中让一座普通的高塔，成为我们眼中无法逾越的障碍。

成功与失败的分水岭，往往就在于你是否能时时保持冷静，做出正确的决定。受挫时保持冷静，才能在冷静中镇定反省；成功时保持冷静，才能在冷静中寻找新的起点，创造更大的辉煌。冷静与思考孪生，它使人深邃，催人成熟；冷静即力量，它使人充实，永葆青春，让自身的魅力越发不可抵挡。

06/ 所有成长的秘诀在于自我克制

不能克制自己的人，就不能称为自由人；不能主宰自己的人，永远是一个奴隶。

克制自己，就是在诱惑面前，用你的理智决定你的行为，而非你的感情。它常常意味着牺牲一时的乐趣和克服一时的冲动，在任何情况下都要保持理智。如果我们不能调整到这一状态，我们对外界形势的判断就会受主观心态的影响，不能做到客观判断，结果就会给自己增添许多麻烦。

有一个住在海边的人，一天突然产生一个想法，他想横渡大海，到海的那边去看看。他不是一个十分毛躁的人，有了这个想法后，冷静地归纳了这次航海可能遇到的问题，结果发现，他不应当去的理由比应当去的更多：

他可能会晕船；

船很小，也许一个小风暴就可能要了他的命；

这条航线据说有海盗出没，他们会捉住他，掠夺他的财物，剥夺他的自由。

……

种种迹象表明，他不应该进行这次航行。

然而，最终他还是去做了。因为他的想法已经成了心中的魔音，有个声音不断攻击他的理智。那个声音一直对他说："朋友，这件事在推理上虽有些令人生畏，但情况也许并不像想象得那么坏，你一直是个幸运儿，不是吗？"心中的魔音最终控制了他，以至于后来，他觉得不进行这次航行就会抱憾终身。于是，他扬帆起航。结果正像他推断的那样，他成了海盗们的俘虏。

每个人都需要勇气和信心，它有助于我们应对困境和挑战，调动起我们的一切能力。然而，当我们必须要对某件事做出决定时，内心就一定要保持理智。当情感支配劝我们去做还不成熟的事情时，应当克制自己的情感，冷静下来，直到沸腾的情绪完全安定下来。

其实，对人生前景来说，最大的敌人不是缺少机会，或是资历浅薄，而是缺乏对自己情感的克制。脑热时，不能制冷，导致盲目冲动，踏上错路；消沉时，不能自励，自甘堕落，放纵萎靡……如果我们能在感性时多带点理性看世界，就能比别人看到更多精彩的事物，收获更多的美好。

美国有一位很有才华、做过大学校长的人，参选美国中西部某州的议会议员。这个人资历很高，博学多才，精明能干，看上去很有希望获胜。但是在选举中期，出现了一个小问题：有一个很小的谣言散布开来，说他在四年前的一次州教育大会上，与一位年轻貌美的女教师"有那么一点暧昧行为"。这其实是竞争对手故意散布的一个谎言，他却对此分外在意，总是歇斯底里地为自己辩解，在以后的每一次集会上，他都会站起来极力澄清一番。

事实上，大部分选民之前根本就没听过这件事，但是人们越来越相信曾有过这么一回事。他状若癫狂的辩解让人们疑惑顿生，公众振振有词地反问："如果他真的是无辜的，为什么要为自己百般争辩呢？恐怕是做贼心虚吧！"如此一来，他的心情变得烦躁，更加气急败坏地在各种场合为自己洗刷冤屈，结果却使事情变得越来越糟糕。最悲哀的是，后来连他的太太都开始相信那个谣言绝非空穴来风，因为他的反应实在是太强烈、太出乎意料了。夫妻因此从猜忌到争吵，最后一拍两散。那次选举，毫不意外地，他失败了，从此一蹶不振。

毫无节制的举动，无论属于什么性质，最后必将一败涂地。不论做任何事情，自我克制都至关重要。同样是选举，里根在一次关键的电视辩论中，面对竞争对手卡特对他当演员时生活作风问题的蓄意攻击，只是微微一笑，诙谐地调侃："伙计，你又来这一套了。"引得听众捧腹大笑，反而把卡特引向被动境地，并为自己赢得更多选民的支持和信赖，最终在总统大选中脱颖而出。

站在人生的风口上，如果风向不利于我们，我们就想办法调整风帆；如果不能改变事情结果，我们就改变自己的心态。克制自己过多的欲望、不良的情绪、过度的情感……克制看起来是在控制自己，限制自己的自由生活，但其实是在给自己创造更多的自由。

当你能够控制自己的言行时，你就是优雅的；当你能够控制自己的内心时，你就是成功的。所有成长的秘诀在于自我克制，如果你感到周遭的事物令你很不舒服，请记住，那是你的感受所造成的，并非事物本身如此。借着感受的调整，你可以在任何时刻都振奋起来，看到希望的曙光。

07/ 有修养的人，看起来就很美

在和别人打交道的时候，我们往往会给对方这样的一些评语："这个人有素养，让人钦佩""这个人谈吐不俗，有教养""这人真差劲，连基本的礼貌都不懂"……毋庸置疑，那些素质高、有教养的人，通常会更受尊重和欢迎，而那些缺乏教养的人，则会被我们嗤之以鼻、拒之门外。

最近，大龄男青年宋科一直忙着相亲。这天，他上午约了一个女孩，下午还约了一个。通过一段时间的网上交流，宋科觉得这两位女性都不错，决定先见见面再确定选谁。其实在去之前，宋科已经倾向于上午见面的那个女孩了。他看过照片，那是一个年轻漂亮的女子，模样非常养眼。

宋科按照约定的时间到达了咖啡馆，但苦等一个小时后女子也没来，也没有打电话解释一下迟到原因。又过了半小时，女子才姗姗而来，不过她仍没解释自己迟到的原因，也没向宋科说一句抱歉的话。宋科看在这是一个美女的份上没有计较，然而接下来却让这个一心娶妻的男人如坐针毡。只见女子翘起的二郎腿一直抖，说话时斜看着宋科，还不时地掏耳朵，一会又对着服务员大喊大叫，"喂喂，我点的黑森林蛋糕怎么还没上，你们速度点不行吗？"

由于上午的经历，宋科已经对下午的相亲不抱什么希望了。看到这位女子是那么貌不扬后，他更加失望。尽管她长得不好看，但是端庄地坐着，温和地、不紧不慢地和宋科聊着天，而且说话时还会认真地看他的眼睛，这让宋科感受到一种真诚和尊重。这期间，一名服务员不小心将咖啡洒在女子的衣服上，她没有生气地大呼小叫，而是微笑着宽慰服务员："没关系，我知道你不是故意的。"之后亲自拿纸巾擦拭了一番。这种举止有分寸、善解人意的修养，让宋科感到一切都像如沐春风般舒服、惬意。一顿饭吃下来，他觉得自己终于找到了命中的那根"肋骨"。

有一种完美，是我们看不见也摸不着的，它需要用心来感受，这就是人的修养。修养是什么？对我们每个人来说，修养是思想道德水平、文化修养、交际能力的外在表现，是一种讲文明、懂礼貌的姿态。孔子曾说："不学礼，无以立。"这句话就是告诫我们，要想有所成就，就必须从学礼开始。

与人交往时，有涵养的人经常学会使用礼貌用语，如"您好""谢谢""请""对不起""没关系"等。他们总是坐得端端正正，站得安安稳稳，不做掏耳朵、挖鼻子、搔痒痒等不雅动作。无论在什么场合，他们都不会由着自己的性子做事，往往善解人意，体贴关照别人，把握好分寸。

当然，修养并非天生就能具备的，需要我们在成长过程中积极地加以培养和训练，最主要的是来自对他人的研习。我们知道，修养是一种使人舒服、合乎礼仪的行为，要及时觉察别人的需求，善于利用同理心，懂得换位思考，读懂对方的心思，并做出对方需要的动作，说出对方想听到的话。

比如，当别人不开心的时候，我们若及时地安慰对方，帮助对方摆脱不开心，这就是一种修养；当别人遇到尴尬的事情时，我们若能及时地帮忙，帮助对方摆脱尴尬处境，这也是一种修养。

亦凡从某一个偏僻山村考到上海一所大学。开学没多久，班里就有人组织在某一酒吧举行了一场派对。亦凡中途去了洗手间，可出来却被洗手池的水龙头难住了。这是感应式的水龙头，亦凡从未使用过。她对着水龙头先扭后按再提，可就是不见水流出来，很纳闷前面的人刚刚明明洗了手，怎么现在没水了呢？因为身后还有其他人等着洗手，亦凡急得额头上冒出细汗。

这时，旁边的一个女孩看出亦凡的窘境。她客气地对亦凡说道："对不起，我这边的水不大，我能在你这边洗一下手吗？"亦凡点点头，只见这位女孩将双手放在水龙头下面。两秒钟过后，水自动地流出来。女孩如此反复洗了几次，对亦凡说了声"谢谢"后离开了。在对方的"示范"动作下，亦凡立即明白了是怎么回事儿。她也将手放在水龙头下面，终于洗了手。

这位女孩看出亦凡的窘迫，没有直接地说你应该怎么使用，而是设身处地地照顾亦凡的感受，装作若无其事地做了"示范"动作，体贴入微。这样的修养，令人欣赏。

俄罗斯作家赫尔岑说过："生活里最重要的是有礼貌，它比最高智慧，比一切学识都重要。"的确，有修养的人，能极大增强人格魅力，处处散发迷人气息，处处和谐圆满。人生是一场现场直播，修养时刻影响着你的人生。为此，我们一定要提高自身修养。

切记，修养的形成非一朝一夕之功，而是要时时刻刻约束自己、雕琢自己，因为这个世界上总有人用着你不知道的方式偷偷关注着你。

08/ 爱笑的人，运气肯定差不了

人们常常把平庸的生活比喻为流水线，我们就是流水线上的一个零件，周而复始运转着，做着闭着眼都能做的事，只动手，不用脑，麻木地忙碌。流水线最初还给我们带来一些动感的启示，后来渐渐变成一潭死水，沉在其中的我们知道明天就在那里，日复一日，年复一年，没有任何惊喜。

究竟是生活改变了，还是我们改变了？很明显，生活没变，却用它庞大的身躯改变了我们的观念。我们觉得一切都很乏味，将就着，应付着，想着尽快过完这一天，却又不太期待下一天。我们为什么失去最初的激情和动力，甚至失去生活的乐趣？相信不同的人，会有不同的理由。

不如看看那些热爱生活的人，究竟是怎么生活的吧！

2008年8月，一个英国人拆开他新买的手机包装盒，熟练地打开新手机，惊奇地发现手机开机图片上出现了一个面带笑容的中国女孩。他吓了一跳，因为所有手机的开机屏幕都是默认的，他现在看到的显然是一张照片，莫非买到了以次充好的二手货？

他仔细看了看这张照片。这是一个黄皮肤的中国女孩，穿着工作服，头发被绾进工作帽里，只露出一张甜美的笑脸，两只戴着白手套的手对着镜头比出"V"字。她身前有刚刚装进包装盒的手机，身后还有工作人员对着流水线忙碌。毫无疑问，这张图片是在工厂车间拍的。英国人决定放弃找经销商换手机，他把手机里的几张照片发到网上。

　　没想到，这几张照片走红了。英国人纷纷赞美这个姑娘漂亮可爱，甚至有人抱怨说，他要找厂商退货，因为手机里没有这么可爱的图片。没多久，中国人也知道了这些照片，人们开始寻找这个女孩，并称她为"中国最美打工妹"。

　　事情的真相很快水落石出，原来这位女孩是手机工厂的检测人员。她的同事无意中拿了刚生产的手机拍了她的照片，忘记了删除，手机就这样从中国"漂"到英国。人们喜欢这个姑娘，不仅是因为她甜美的长相，更因为她作为一个普普通通的女工，却以饱满的精神应对枯燥的工作。她让人们相信，任何一种生活都可以是美好的、充实的、面带微笑的……

　　也许你听说过这个"手机女孩"，也曾看到过她的笑脸。人们喜爱这个女孩，因为她给平凡的生活带来惊喜，更重要的是她的笑脸。试想，如果英国人打开手机，看到一张百无聊赖的呆滞脸，或者一张愁眉不展的苦瓜脸，他还会那么开心吗？他在网上的分享内容恐怕要完全变了样，标题也许是"中国人的压力一定很大"。

　　把笑容挂在脸上的人，一定有一颗向往生活的心；把压力挂在脸上的人，一定过着无趣的生活。因为无趣，所以不开心，脸上的表情能好到哪儿去？看什么都不太对劲，笑起来也很勉强，更不要说有一对明亮的眼睛、有活泼的语调、有灵活的手脚，一切生机都被生活压着，难道生活的意义，就是迫害我们吗？

　　手机女孩一定不这么认为，她只是一个普通女工，她的工作是每天坐在流水线旁不间断地检查。她不累吗？她不枯燥吗？她不烦吗？我们经历过的那些情绪，她恐怕经历得更多，但她却坦然地接受了这种生活。对于她来说，这不是将就，而是重要工作，是她衣食住行的来源。她重视、努力，还会在闲暇时和同事们说说笑笑，拍几张不加修饰的照片，记录她的好心情。

难道我们不能这样生活吗？像手机女孩一样正视生活，接受自我，努力工作，脸上挂着笑脸，生活还会是一潭死水、毫无涟漪吗？

有位智者说过："你的脸是为了呈现上帝赐给人类最贵重的礼物——微笑，一定要让它成为你生活中最大的资产。"微笑是一种心态，心态得益于修养。无论何种境遇，脸上始终带着微笑，即使五官平凡，容颜黯淡，你的形象也会在一瞬间鲜活明亮起来，给人留下最深刻的印象。

你会惊喜地发现，心中的仓促和不安静止了，世界的大门为你敞开，原来生活如此美好。每天带着微笑前行，精彩的人生路就在脚下。

09/ 一颗心，因感恩而高贵

生活中，不少人总喜欢抱怨，抱怨社会残酷、世态炎凉、人心冷漠，却无视他人对自己的支持与付出，甚至将之视为理所当然。总之，不满现实，诸多委屈，好像别人都对不起他，愤愤不平。如此一来，这些人即便生活得十分美好，也是苦不堪言。问题的关键出在哪呢？在于你自己。

生活经验告诉我们，生命的回报和付出差不多。如果我们对自己已得到的不知感恩，而是一味地抱怨自己的需求没有得到满足，即便我们拥有得再多，也不会感到丝毫幸福。

做人要懂得感恩，感恩是一个人的品质问题，是为人的基本条件，更是一种深刻的心理感受。常怀感恩之心，可以使我们浮躁的心态平静下来，能够从全新的角度看待身边的事物，进而开启神奇的力量之门，发掘出无穷潜力，进入良性循环，显现"马太效应"。

"马太效应"是美国科学史研究者罗伯特·莫顿提出的，指强者愈强、弱者愈弱的现象，广泛应用于社会心理学、教育、金融以及科学等众多领域。对个人来说，就是如果你获得了某方面的成功，什么好事都会找到你的头上。

的确，当你试图培养感恩的心态，从内心感激身边的一切，并付诸实施，你会发现，眼中所见的都是美好。最重要的是，心怀感恩的人，行走在纷繁尘世间，良好的品行会为自己赢得人脉。适时的回报，也会让自己洞察人与人之间的真情，这份温情足以抵御世间的任何艰难困苦。

莫里斯是美国奥美广告公司的一名设计师，有一次被公司总部安排前往日本工作。与美国轻松、自由的工作氛围相比，日本的工作环境显得更紧张、严肃、有紧迫感，这让莫里斯很不适应。工作了一段时间后，莫里斯实在忍受不了了，便向上司抱怨："这边简直糟透了，我就像一条放在死海的鱼，连呼吸都困难。我想，我真的不适应这边的工作环境，要给总部打电话将我调回美国。"

上司是一位在日本工作多年的美国人，他完全能理解莫里斯的感受。"你看，我现在不是很享受这里吗？想知道我当初是怎么走过来的吗？告诉你，每天至少说四十遍'我很感激'或者'谢谢你'，记住，要面带微笑，发自内心。"

"我很感激""谢谢你"，这些话再简单不过，但是莫里斯还是觉得别扭，说不出口。要知道，"刻意地发自内心"，可不是一件容易的事情。不过，他最终还是说服自己，决定试一试。"我很感激""谢谢你"，莫里斯开始有意识地和周围的同事说这些话。几天下来，他居然真的觉得同事们似乎友善了许多，而且，他在说"谢谢你"时越来越自然，感激的心情已经像种子一样在他的心里悄悄发芽。

渐渐地，莫里斯发现周围的同事也有可爱的一面，工作环境并不像自己原来想象得那么糟糕。到最后，莫里斯发现在日本工作，简直是一件让人愉快的事情！他很快得到上司的赏识，获得了加薪升值的机会。

对此，莫里斯总结道："是感恩的态度，改变了这一切！当我对周围的点滴关怀都怀抱强烈的感恩之情时，我要竭力回报他们，让他们快乐。结果，我不仅工作得更加愉快，所获帮助也更多，工作更出色，好事都来了。"

"我很感激""谢谢你"，当你微笑而真诚地把这些话说出去之后，你的态度无疑是快乐而积极的！你已经在自己和别人的心里埋下了感恩的种子，而感恩是比任何物质奖励更宝贵的一种礼物！由此可见，常存感恩之心的人，往往比其他人更有资格拥有一个幸福的、成功的人生。

一篇名为《心灵的感激》的文章，讲述的是日本著名推销员原一平的故事。

在日本寿险业，原一平是一个声名显赫的人物，他是日本保险业连续15年全国业绩第一的"推销之神"。不过，年轻时，原一平工作失利，工资微薄，仅以此糊口。最穷的时候，他连坐公车的钱都没有。

那段时间，原一平经常到公司附近的公园散步。一位大老板见他穿着贫寒，处境窘迫，却始终面带微笑，一点都不像一个落魄的青年，便好奇地过来问他为何在如此情况下竟能活得这么愉悦。

"我为什么不愉悦呢？我对生活中的万物，充满感激之情。"原一平笑了笑，平静地回答道，"我感谢阳光赐予我温暖；感谢小鸟陪我歌唱；感谢微风给予我凉爽……我要感谢所有的一切！"

大老板被原一平的话语所折服，于是从他那儿买了一份保险。就这样，原一平用感恩换来了第一份保单。紧接着，他又开始感恩客户，不仅为客户提供无微不至的服务，而且还时常问候、拜访对方。

原一平用真诚的感谢打动了客户，客户又陆续地给他介绍了很多业务。他的业绩稳步上升，最终成为日本保险业务最多的推销员。不过，他时刻感谢公司的栽培，认为没有公司提供的平台就没有今日的他，因此十分喜欢自己的工作，自己的公司。

　　就是在感恩的引导下，原一平得到上司和客户的回赠，登上事业的巅峰，成为所有人为之敬佩、最为推崇的"推销之神"。这种时时懂得感恩他人的精神，值得我们所有人学习和敬仰！

　　感恩是一种对恩惠心存感激的表示，是一种心存善念的积极心态。从现在开始，做一个心怀感恩的人吧！感恩父母的养育之恩，感恩朋友的援手相助，感恩同事的携手同行，感恩花草树木，感恩风霜雨雪，感恩阴晴圆缺……试着每天用几分钟进行感恩，你会发现，周围的一切都是美好的。

10/ 世事无常，留一份童心爱自己

梁启超说过："老年人常思既往，少年人常思将来。惟思既往也，故生留恋心；惟思将来也，故生希望心。"这句话的意思是，思想的负担减轻了，心灵的压力也就释放了，然后才会有轻装上阵的动力和对未来的憧憬。

"少年之思"再回归到本初，便是童言无忌、童心无讳，有的全是真实和客观。当为生活忙碌而感到不堪重负的时候，当被诸多世事困扰而不得解脱的时候，我们不妨唤回最初的那颗质朴而纯净的童心。它会让你远离喧嚣，静静地倾听来自心底的声音，在自然中享受简单，一切便返璞归真。

"花儿为什么会开？"这是一名幼儿园老师给小朋友出的题目。

"标准答案"是：天气变暖和了。

而孩子们的声音是："花儿睡醒了，它想看看太阳。""花儿一伸懒腰，就把花朵给顶破了。""花儿想伸出耳朵听听，小朋友在唱什么歌"……

幼小的心灵之所以幻想无边，是因为他们不受拘束。也许，我们曾有过这样多彩的答案，也曾幻想着把它保留下来，但随着生活中一个个无情而醒目的叉号在诸如"阳光很活泼""雪化了是春天"答案上印下，多边形也都变成了没有棱角的圆。

如果现在的你听到这样的说法都会因为觉得生动而感慨，也许童心真的正在离你远去。但不要因此悲伤——心会动，就说明它还是鲜活的，有唤回童心的希望。

的确，大多数人会把"无忧无虑""快乐"这样的词语和童年所联系，那时的纯洁、天真和欢笑是那么地令人怀念。长大以后，生活变得复杂艰辛，生活在千篇一律的轨道中度过，闲暇越来越少，繁重越来越沉。我们孤独地站在这个世界上，端着架子，想着票子，还要梗着脖子。奋斗到最后，有可能还会无奈地发现，一直以来苦心经营、孜孜以求的，竟不是我们真正想要的生活。

原来，一切都被我们复杂化了。

许多事情不需要经过轰轰烈烈才可以获得享受。回归童心，便是简单处事，获得最自然、最真实的快乐。我们往往容易忽略最容易获得的快乐方式，比如重新拿起画笔，再次放声歌唱，与家人下一盘飞行棋。任由想象天马行空，不拘泥于现实，不羁绊于年龄，心灵回到思无邪，一切带到人之初。如此赤子之心，简单地来，简单地往，就能体会到生活在"浪荡"中显露出的情与趣。

"你必须保持童心"，是那个从小被老师骂为"差生"、当年大胆创办《童话大王》的"童话级人物"郑渊洁说的。二十多年的创作生涯中，尽管他也曾遭到非议，但始终保持一颗不泯的童心。

郑渊洁爱狗是出了名的，他的著名童话作品《大灰狼罗克》便是以他的第一条爱犬为原型创作的。为此，他特意把家从城市搬到郊区。有一次，应朋友之邀客串一部电视剧的角色，一场哭戏怎么也过不了，不是表情做作就是没有眼泪。情急之下，郑渊洁想起之前死去的一条爱犬，一下子就难过得不行，失声痛哭，等镜头拍完了都停不住。

在和别人交流养犬的经验时，郑渊洁介绍说："我们家的狗粮我都要亲自尝一尝，咸味食品对狗的健康特别不好，但是狗都喜欢吃带咸味儿的食物，有的黑心狗粮厂家就往狗粮里掺盐，所以我喂狗之前，自己必须确定这狗粮不咸。"

他认为，保持童心似乎不是一件可望而不可即的事情，成长的历练和岁月的侵蚀不会带走人的好奇心和童真心。他曾说："我的想象力和童心似乎永远不会枯竭，因为这些都来自广博的生活。生活中，像加油、验车这样的日常琐事我全都自己去做，不找别人替代，因为我要接触真实的生活。我有来自各行各业的很多朋友，也可以从这些朋友身上观察生活。"

很多已为人父、为人母的人，感叹自己不了解孩子的世界，因为孩子的思维是非常理的，所以便想尽办法给他们灌输思想，希望他们能够做一个"正常人"。实际上，这样的做法往往是毁了孩子。当我们不能理解孩子的世界时，是不是应该反省一下自己失去的童真呢？

人们习惯于说自己有一个快乐的童年，却很少说自己过着幸福的生活。因为成人的世界，对于我们而言有太多复杂的事情，我们被这些事情折磨得体无完肤。实际上，关键问题在于我们忘记了单纯，忘记了童真，习惯于将所有事情复杂化，也因此失去了快乐，在追名逐利的过程中忘记了爱自己。

其实，每个人都经历过。童年的心，一张白纸般天真无邪，对世界充满爱；童年的心，纯真而可人，对眼前景物求新，对世间事物求奇，因而勤观察、好追究、打破沙锅问到底。以童心看世界，春风暖，夏雨凉，秋高气爽，冬雪融融，日出月落皆有意，红花绿草皆含情。因而，童心的境界里，无纷争，无怨恨，没有名利扰攘，没有你争我夺。即使偶尔碰撞，也会风吹乌云散，雨后见彩虹。这样的时光，怎会不快乐呢？

　　许多悲观的人相信，生命是一件绝对严肃的事情，所以他们坚持把欢乐压抑下去。我们也常以为傻里傻气的"孩子行为"是心态和思想上的不成熟，因此就有了世界上太多过于痛苦的纠结、过于认真的较劲。

　　有时就是一盆水，孩子也会玩上半天，装了又倒，倒了又装，周而复始，不知疲倦。如此简单重复的动作，对孩子而言，他们从中找到了乐趣，所以能享受很长时间。但对于成年的我们，工作就像倒过来倒过去的水，被看作简单无聊的。可如果我们能充满童心，从中发现事物本身的情趣，想必也会像孩子一样乐在其中，不会再感到枯燥乏味。

　　其实，往往生活在"游戏世界"里的儿童，才是真正的"贵族"。他们总是心无旁骛、浑然忘我地沉浸在事物本身，在自由的生活里尽情挥洒。可是，生活中真的有那么多"游戏世界"吗？没有。但以童心看世界，就可以让想象的翅膀不被折断，让复杂的问题简单化。这种率真，就足以让这个多彩的世界从此不再褪色。

　　人生没有彩排，每天都是现场直播。自己选择爱自己，唤回失落的童年，享受幸福，享受快乐吧！活得简单、再简单点，快乐就会萦绕在你的身边。请记得：当露水打湿你的新鞋时，要想着蹲下身，轻轻地擦去花草的眼泪，嘴角上扬，并记录下"人花两相映"的笑容。一如小时候拉着妈妈的手，仰头问："花草怎么都哭了，是不是它们昨天晚上吵架了？"

Chapter 3 / 一切都是最好的安排, / 一切都刚刚好

　　人生就是在不断地经历，丰富的经历才构成人生。不管你经历了好与坏，要相信，一切都是最好的安排。随时、随性、随缘、随遇而安，从此便活得欢喜。

01/ 福也好，祸也罢，有得有失

人的一生中，几乎没有谁的生活是一帆风顺的，甚至还会遭遇各种苦难。"祸兮福之所倚，福兮祸之所伏""人有悲欢离合，月有阴晴圆缺，此事古难全"，人生就是一个不断得而复失的过程。我们得到什么，必定要失去什么，失去了什么，又必然能够得到另外一些东西。

福也好，祸也罢，有得必有失。很多时候，当所有的门都对你关闭，上帝还为你留着一扇窗户。当你觉得自己已经一无所有，其实还拥有不少东西。所以，任何时候失去了什么东西，我们都无须落寞或失望，更无须痛苦或绝望。淡然接受失去，时刻心怀希望，才能够获得更好的。

从前，有一个国家的宰相，无论遇到什么事情，他总是觉得"一切都是最好的安排"，总是一副很淡然的样子。这让国王觉得可笑，又有些讨厌。

有一天，国王准备外出，突然下起大雨，这让国王非常扫兴。但是宰相却说："虽然我们不能打猎了，不过您看大雨过后的街道被冲刷得很干净，您就可以享受清新的空气了。"国王没说什么。

又一次，国王化装成商人带着一帮臣子出去游玩，结果遭遇了一场大雨，被困在了城堡外。国王十分郁闷，宰相又说："虽然我们暂时不能回城堡，不过您正好也有了微服私访、了解百姓疾苦的好机会……"国王只想着游玩，哪里想过要了解百姓疾苦，但是被宰相这么一说，非要急着回去就等于不顾百姓的疾苦了，于是强忍一股无名火没有发作，不过也恨极了宰相。

后来，国王在检查猎器时不小心斩断一截手指。宰相居然也认为这是上天最好的安排。国王听后，终于忍无可忍，立即把他打入大牢，并以一种幸灾乐祸的嘲讽口吻问宰相："你认为这也是最好的安排吗？"没想到，宰相居然说是，国王更加生气，恼火地抚了抚袖子扬长而去。

过了一段时间，国王去打猎，不小心误入森林深处，被食人族捉住。当晚，食人族准备了柴火，支起了大锅，准备烹煮国王。但是，当食人族清洗国王身体的时候却发现少了根手指头，这在族内是大忌。因为他们认为不完整的动物是不祥之物，于是烹煮了国王的侍从，并用特有的仪式把国王送出森林。

劫后余生的国王，回国后做的第一件事情就是去牢里拜见宰相。他激动地说："断了指头，果真是一件好事情。"宰相笑了笑，回答："您把我关到大牢里也是好事，如果我不在牢里，而是陪同您去打猎的话，那么完整的我，必死无疑！"

国王终于开悟……

这位宰相的眼界和境界非同一般。面对已经发生了的任何事情，他都能够心怀希望，认为"一切都是最好的安排"，故能够不急不躁，平静接受、坦然取之、舍之，这值得每个人学习。

失去了生活的轰轰烈烈，就享有平平淡淡的幸福；放弃了急流险滩，才能拥有温馨港湾。上帝关闭一扇门时，还为我们留了一扇窗。既然如此，面对各种突发情况和意外，我们又何必患得患失、悲观绝望呢？

相信生命中的希望，用充满希望的目光看待周围的一切事情，无论这些事情多么糟糕。只有这样，我们的心态才能积极起来，意志才能趋于成熟，性格才能得以完善，品质才能得以升华，人生也会变得有滋有味、丰富多彩。

这里有一个真实的例子。

自从得知自己将要参加最危险的海军陆战队后，莱科每天都忧心忡忡。

这时，爸爸决定和莱科聊聊天。他对莱科说："孩子，其实，你没必要这么忧心忡忡的。到了海军陆战队，你或者是留在内勤部门，或者是被分到外勤部门。如果你被分到内勤部门，就完全用不着担惊受怕了，那些工作都是很轻松的。"

爸爸的话并没有让莱科放松，他说："爸爸，去哪个部门不是我自己选的，要是被分配到外勤部门了呢？外勤部门不仅需要出去作战，所面对的环境也是非常恶劣的。"

爸爸笑着说："那也没关系。即使去了外勤部门，你还有两个选择，一个是留在美国本土，另一个是分配到国外的基地。如果你被分配到美国本土，这跟待在家里没有什么分别，又有什么好担心的！"

"要是我去了国外呢？"莱科继续问道。

"这样你还是有两个机会，一个是被分配到和平而友善的国家，另一个是被分配到不和平、不友善的地区。如果是前者，爆发战争的概率是很小的，约等于零，你就什么事情都不会有。"

莱科着急地说："可是，我要是真的去战争地区了呢？我不就完蛋了么？"

"这怎么可能？如果你留在总部，而不是上前线，那么也不会有事。"

"那我要是上前线了，该怎么办呢？假设我受了伤，以后该怎么生活？”

“受伤也分程度的。也许你只是轻伤，根本无碍。”

莱科还是不满意，说：“那要是不幸身负重伤呢？”

“那很简单，要么保全性命，要么救治无效。如果还能保全性命，还担心什么呢？”

莱科最后问道：“天啊，要是救治无效，我该怎么办啊！”

爸爸听完，大笑着说：“这更简单了。人都死了，还有什么可担心的呢？更何况，如果你真的死了，就是国家的英雄，很多人会赞扬你、崇拜你。要知道，这样的荣誉不是每个人都有幸拥有的。”

莱科豁然开朗，充满信心和希望地参加了海军陆战队。他先被分配到外勤部门，又被分配到发生战争的地区，还成为前线战场上的一名先锋……面对组织的这些安排，莱科相信后面还会有好的事情，于是欣然接受。

在这种积极心态的引导下，莱科作战英勇，屡建战功，获得了一等兵的荣誉。作战过程中，他先后受过几次伤，不过并无大碍。鉴于优秀的表现，莱科现在已经被提拔为重点军校的一名军官。

与爸爸相比，莱科显然在生活智慧上还有很大的差距。莱科的爸爸始终明白这样一个道理：无论人生面临什么样的际遇，在失去的同时都会得到一些东西，所以不如不困惑、不挣扎、不绝望，想方设法走另一扇门。

总之，当上帝关上一扇门的时候，还会为你留一扇窗。好事也好，坏事也罢，这就是我们的生活，都是我们必需的担当，一笔宝贵的财富，有助于我们更好地成功。

当一扇门关上时，你会如何做呢？

02/ 大声地为生活唱一首欢乐的歌

如果今天阳光灿烂、空气湿润、和风煦煦，你会觉得精神振奋、心情舒畅吗？如果一连十几天阴雨绵绵，你是否会感到灰暗，郁积于胸，心情莫名的烦躁、易怒？不少人把心情的好坏归于天气变化，但真的是天气在影响我们吗？

事实上，天气的好坏对人的心情的确有一定的影响，但与其说是天气这些外在的客观因素在影响我们的心情，不如说是我们在为自己的消极心态寻找庇护和借口。真正影响我们心情的，只有我们自己。

心情的好坏，完全取决于我们的看法，而不是其他外界因素。正如心情沮丧的时候，即使风和日丽，我们也会感到黑云压日；心情愉快的时候，就算雷声滚滚的恶劣天气，也一样觉得阳光明媚。这正如诗人汪国真所说的一样："心晴的时候，雨也是晴；心雨的时候，晴也是雨。"

世间的诸多事情，像天气的阴晴雨雪一样，是我们所不能改变的。虽然事情无法改变，但我们可以改变面对事情的心情，如此一切就会呈现出刚刚好的状态。

看过电影《监狱风云》的人，对那位由影星吉尼威尔德饰演的名叫亨利的男子，印象一定非常深刻。他是一个笑口常开的人，没有任何事情能够影响他的心情，没有人能以任何方式夺走他的喜乐。当亨利被误判入狱时，所有狱警都看他不顺眼，他们从未见过在监狱还能笑出来的人，便常常找他麻烦。

有一次，狱警将亨利用手铐吊起来，这是一种令人非常不舒服的虐待方式。但是一连几天，亨利都没有大喊冤枉、义愤难平，而是笑着对狱警说："你们对我太好了，谢谢你们治好了我的背痛。"

之后，狱警又将亨利关进一个因日晒而高温的锡箱中。当他们把亨利放出来时，亨利脸上竟然还能挂上一个大大的笑容，央求道："喔，拜托再让我待一天，我正开始觉得有趣呢。"

最后，狱警将亨利和一位重三百磅的杀人犯古斯博士一同关进一间小密室。古斯博士心情抑郁，他的凶恶在狱中十分出名。然而，令人惊讶的是，亨利居然和古斯博士谈笑风生，还无比快乐地玩起纸牌。

喜乐操控在于自己。亨利只不过是选择了以快乐作为自己的守护神，而没有让自己的情绪受外在客观因素的影响。当遭遇悲伤的事情时，我们不妨及时转换心情，进而拥有阳光般的明媚心情。无论在任何时候、任何境遇，只要你自己有好心情，无论是谁都不能将坏心情强塞给你。

一位诗人心里充满对生活的困窘和无奈，身心疲惫的他想到旅行，希望可以借旅行来散心。谁知，旅行并没有给他带来快乐，只是让他在不同的地方依然为同样的烦恼而痛苦着。直到有一天，他听到路边传来一阵悠扬的歌声。

歌声非常美妙，跳动着快乐的音符，诗人不禁驻足玲听。没过多久，诗人的心情就像秋日的晴空一样明朗，又如夏日的泉水一般甘甜。他被快乐紧紧地包裹起来，内心重新鼓起生活的勇气。

突然，歌声停了下来，一个面带笑容的男人走过来。诗人从来没有见过笑得如此灿烂的人，心想：这个人肯定没有经历过任何苦恼。只有从来没有经历过任何艰难困苦的人，才会笑得这样灿烂、这般纯洁。

于是，诗人走上前去问候："你好，先生，从你的笑容中可以看出，你是一个天生的乐观派。你的生命肯定一尘不染，肯定没尝过风霜的侵袭，没受过失败的打击，幸运的天使肯定常驻你的家门。你就像不食人间烟火的神仙，烦恼和忧愁肯定没敲过你的家门。"

男人摇摇头说："您可猜错了，就在今天早晨，我丢了唯一的一匹马。"

诗人非常不解，疑惑地问："最心爱的马都丢了，你还能唱得出来？"

那个男人说："当然要唱了，我已经失去一匹好马，如果再失去一份好心情，损失不是更大吗？正是因为有了歌声的相伴，才使我的生活充满阳光，让我更加热爱生活。每当歌唱的时候，我就会感觉每一个早晨都充满希望，幸福就在前方等待着我的到来。"

生活中，我们应该像故事中唱歌的男人一样积极乐观。也许生活让我们失去很多，但无论遇到多大的不幸，也不能再失去好心情，没有什么能够让我们不快乐，除非我们不想快乐。

人生就像一条漫漫长路，有一些令人赏心悦目、悠然忘我的美景，也有一些凄风苦雨、穷山恶水的惨象。然而，在此之外，更多的是平淡而重复的画面，谈不上美，也不算丑，这样的景色才是我们人生的常态。在这样的路上，是哼一支欢快的歌，脚步轻灵，还是叹着气，拖着沉重的脚步往前走，决定了我们的人生是快乐还是悲伤。

生活就像一首歌，当歌声是欢快的，生活亦是幸福的；当歌声是悲伤的，生活亦是悲哀的。既然如此，我们为什么不选择大声地为生活唱一首欢乐的歌呢？为什么不选择幸福的生活呢？人生没有彩排，每天都是现场直播，不让自己深陷悲伤的人，才能真切地感受生活之乐！

03/ 生命是缓慢的过程，急不得

不知道从何时开始，我们的神经好像跟上紧的发条一样紧绷，习惯了在人生道路上不断奔跑，奔向下一个目标。于是，我们的心失去平静和从容，时时感到心力交瘁或迷茫躁动，生活索然无味。

对此，也许你会无奈地说，谁不想平静下来，但这不是自己所能控制的。毕竟在这个竞争激烈的社会，时间就是生命，就是金钱，世界的每一秒都在飞速前进，我们不得不被逼得忙忙碌碌，只争朝夕。

真的是这样吗？殊不知，我们不可能让世界慢下来，但可以让自己的脚步慢一点。能够控制我们步伐的不是这个世界，而是自己的内心。心若静，尘自飞；心若安，尘自乱。

一个哲人讲了这样一个故事：

"上帝给我分派了一个任务，让我牵一只蜗牛出去散步。于是，我照做了。在途中，我尽管走得很慢，蜗牛尽管已经在尽力地爬，可每次总是挪动一点点距离。于是，我开始不停地催促它、吓唬它、责备它，蜗牛也只会用抱歉的眼光看着我，仿佛说自己已经尽力了。我恼怒了，就不停地拉它、扯它，甚至想踢它，蜗牛也只是受着伤、喘着气，卖力地往前爬。我想：真是太奇怪了，为什么上帝要我牵一只蜗牛去散步呢？于是，我开始仰天望着上帝，天上一片安静。我想，反正上帝都不管它了，我还管它干什么，任由蜗牛慢慢往前爬吧，我想丢下他，独自往前赶路。我就放慢了脚步，想将它放下，静下心来……咦？忽然闻到了花香，原来这边有个花园，我感到微风吹来，原来此刻的风如此温柔……而我以前怎么都没有体会得到呢？我这才想起来，莫非是因我犯了错误，上帝叫蜗牛来牵我散步的……"

是的，我们之所以忙碌，是因为总是在内心苛求自己忙碌。如果不去苦苦苛求自己，让此刻的自己松懈下来，走慢一点，时间就不会时时刻刻都有棱有角，精神也将不再时刻处于紧绷状态，一如流水般柔软。渐渐地，你会感受到生活的甜酸苦辣，体会到人生的无限乐趣。

生命的乐趣绝不在于不断奔跑，而在于感受多样的过程。所以，在生活或工作中，我们无须苦苦苛求自己一味地追求速度，永远跟着时间的激流疲于奔命，要不时地放下快节奏的脚步。

林语堂在《人生的盛宴》一书中写道："能闲世人之所以忙者，方能忙世人之多闲。人莫乐于闲，非无所事事之谓也。闲则能读书；闲则能游名胜，闲则能交益友，闲则能饮酒，闲则能著书。天下之乐，孰大于是？"

可见，"慢"不是磨蹭，更不是懒惰，而是让速度的指标"撤退"，这是在快速和缓慢之间找到一种可贵的平衡，找到适合自己的节奏。这里的"慢"是一种内心品位，是一种生活方式，更是一种生存能力。

洛妮是某广告公司的文案策划，天天踩着高跟鞋，一手夹着公文包，一手拿着手机，挤公交车上班，坐地铁下班，奔波于喧嚣之中。然而，她懂得慢的好处，让生活充满品位和情趣。

甜而不腻的下午茶，是洛妮一项必不可少的节目，不论是黑夜还是白昼、雨季还是晴天，经常可以看到她静静地坐在办公室靠窗的位置，一杯卡布奇诺，一块蓝莓蛋糕，还有一本时尚杂志，美丽适可而止，清新乍隐乍现。

　　尽管工作很忙，但洛妮很少周末加班。她或约上几个知心朋友品咖啡、喝喝茶、谈人生、健健身，或者穿上T恤、帆布鞋等，带着简单的行囊，拿着一部相机、一个笔记本、一部手机到喜欢的城市度假……

　　这份不紧不慢的生活态度，不但带给洛妮心灵上的宁静，还令她陶冶性情，修身养性，提高了自己的生活品位和素质。她工作时灵感一次次迸发，多次得到老板的欣赏和表扬，同事们的敬佩和羡慕。

　　生活不是速度的竞赛，忙碌的工作总也做不完，匆忙也不等于高效，我们没有必要跟着时间的激流疲于奔命。让自己的脚步走慢一点，每天早晨呼吸一下新鲜的空气，听一曲优美的曲子，抑或是陪着家人一同坐在电视机前说一些琐碎家常，或约上几个好友一同去大自然中享受悠闲假日……

　　放慢生活的脚步，返璞归真。找回带着心灵散步的节奏，不因为忙碌的工作浮躁了自己的心灵，不因为忙碌的节奏打乱了自己的清闲，不因为忙碌的日子错过了沿途的风景！慢生活的人，能理性、冷静地对待生活，也能对自己的前途和命运充满信心和希望。生活刚刚好，成功亦自然！

04/ 那些不美好，都只是故事还没散场

"完了、完了"，这是不是你的口头禅？当生活中发生不如意的事情时，有些人总是习惯气急败坏、悲观绝望地认为自己"完了"，心里被悲观的思想所萦绕。这样做会怎么样呢？大多时候，这只会让事情越变越糟糕，自己也就真的"完了"。

任何事情本身没有好坏之分，也不会给我们造成多大的影响，一切的好坏皆来自你对事物的看法。也就是说，事情的好与坏在于我们心里相信什么，是以绝望还是希望的心态看待，好与坏只是人的一念之差。

下面，我们来看一个小故事。

公司近期经营不景气，准备裁员，Carl和James都上了解雇名单，被通知一个月之后离职。两个人在公司待了十多年，之所以被裁，一是两人学历比较低，二是年纪较大。

得知要被裁后，Carl心里绝望极了，逢人就大吐冤情："我完了，在公司待了这么多年，居然不等退休就把我开除了，我以后可怎么过啊！"他仿佛自己被人陷害了似的，对谁都没有好脸色，还把气发泄在工作上，敷衍了事。

相同遭遇的James也很难过，但他的态度和Carl截然不同。工作上，James的想法是："没事，现在我年纪大了，没工作了，正好可以好好休息，既然只有一个月时间了，好好珍惜吧。"于是，他更加认真负责地对待工作。而且，为了给大家留个好印象，他逢人就道别，

大家反而比以前更喜欢他了。

一个月很快就到了，Carl的工作做得很糟糕，如期离职。James却被老板留了下来，还被提拔为助理。老板说："像James这样忠于职守、对工作认真负责的员工，正是公司需要的，我最欣赏的，怎么舍得他离开呢？"

人生不是一成不变的，有好事也有坏事，那些消极的人总是提早绝望，为接下来的失败埋下伏笔；那些积极的人，凡事则多往好处想，积极行动，让自己的人生绚丽多彩起来，为成功做好铺垫。

日本第二大电信服务公司KDDI的创始人，被誉为日本"经营之圣"的稻盛和夫说过："人生的道路都是由心来描绘的。所以，无论自己处于多么严酷的境遇之中，心头都不应被悲观的思想所萦绕。"

现实生活中，我们应该相信，凡事多往好处想，心自然会豁然开朗，心胸也将变得豁达、宽大，心中便是一片朗朗晴空，也就能顺利地解决一切问题，时常发现生活中的美好。

库莎是一个快乐的百岁老人，她经常对别人说："人的一生不可能事事如意，已经发生的事实不可改变，你唯一能控制的就是你的想法。我可以肯定地告诉你，凡事多往好处想，任何事情都是好的。"

一个人很诧异，问道："假如您一个朋友也没有，会认为这是好事吗？"

"当然，我会高兴地想，幸亏我没有的是朋友，而不是我自己。"

"当您走路时突然掉进一个泥坑，弄了一身泥泞，您会认为是好事吗？"

"是的，幸亏掉进的是一个泥坑，而不是无底洞。"

"如果遭遇车祸，撞折了一条腿呢？"

"大难不死必有后福，有什么不好的呢。"

"假如您马上就要失去生命，还会认为是好事么？"

"当然，我高高兴兴地走完人生之路，说不定要参加另一个宴会呢。"

……

就这样，库莎的世界似乎永远没有"完了"的事情，事事都如意，每天都生活在快乐之中。当然，这份快乐使她成为朋友圈中最受欢迎的女人，尽管她不够美丽，早已满头白发、皱纹横生。

看到了吧！世间很多事情都是有利有弊，但事情本身并无所谓好坏，全在于你怎么看。常怀希望的心态，凡事多往好处想，你会发现事情远没有想象得那么糟糕，再不幸的生活，也可以是一片艳阳天。

俄国作家契诃夫曾经写过一篇题为《生活是美好的》的文章，里面有这样一段文字："要是火柴在你的衣袋里燃烧起来了，那你应当高兴，而且要感谢上苍，多亏你的衣袋不是火药库。要是有穷亲戚到别墅来找你，那你不要脸色发白，而要喜洋洋地叫道："挺好，幸亏来的不是警察"……

这样一想，你是不是觉得生活变得很好了呢？

与其绝望悲哀、愁苦自怨，倒不如换个角度，凡事多往好处想，心情自然就会跟着转变，还可以将不幸造成的损失或带来的不良后果降到最低，甚至有可能影响事物发展的方向，改变自己的不利处境。

实际生活中，我们不妨一试。

比如，年过半百的你，坐公交车的时候没有人给你让位，你可以感到生气、失望，但可以这样想："我还没有老，还年轻。假如我老态龙钟的话，别人早就给我让座了。"于是，你心里乐滋滋的，仿佛又年轻了许多！

比如，你失去了工作，失去了事业，没有必要悲观绝望，不妨想想清闲的好处，不用再关心工作上的烦恼、琐事，有了更多的时间陪家人，还可以留点时间做自己喜欢做的事情。

我们所说的凡事多往好处想，并不是提倡盲目乐观，而是一种豁达乐观、相信自己的人生态度。人生是一场现场直播，那些不美好，只是故事还没有散场。坚信自己的力量，坚信阳光总在风雨后，坚信明天会更好。抱有这样心态的人，往往都能把握住命运的主动权，让人生一点点变好。

05/ 所谓的幸运，都是你吸引来的

幸运不是天生的，而是你吸引过来的。你想要自己幸运就幸运，这就像哆啦A梦神奇的百宝箱，就像神话故事里的阿拉神灯。

你是不是觉得这有点太玄妙，听上去甚至不可思议、难以置信？别怀疑！其实，这是宇宙中的一项神奇法则——吸引力法则。我们每个人体内都有一种独特的力量，或是带有魔法的能力。当你的内心坚定了某个渴望时，它就会变得异常强大，将你所期待的事和人一一吸引过来。

回想一下，生活中你有没有过这样的体验：你在公园散步的时候，突然遇到自己梦寐以求的人；你想要一个笔记本电脑，朋友果真将它作为生日礼物送给你；你提醒自己出门时不要忘记带钥匙，结果真的就忘记了……相信很多人有过这样的体验。想什么，就遇什么；怕什么，就来什么……

1907年，布鲁斯·麦克莱兰（Bruce MacLelland）出版了他的著作《想象力带来富有》。在书中，布鲁斯提出这样一个概念："你是你所想，而非你想你所是。"我们在这里说的幸运，也是如此。

你是否常说"我不幸运""我真倒霉"这些话呢？如果你有类似的想法，就要立即开启脑中的"清除"开关，将这些想法一扫而光，否则，好事会绕着你走，坏事总往你身上跑。

电影《倒霉爱神》恰恰给我们展示了这个事实。

女主人公艾什莉始终受着生活的眷顾，称得上世界上最幸运的人、上帝的宠儿。毕业后，她不费周折就在一家知名的公司做了项目经理；随便买一张彩票，就能够中头奖；在繁忙的纽约街头想要搭计程车，很快就有好几辆车向她驶来……她的生活和工作，可谓一路畅通，惬意而幸运得让人嫉妒。

男主人公杰克则是另一个极端，他好比世上的"天煞霉星"，只要有他出现的地方，就一定有霉运。新买的裤子看上去好好的，可一穿就断线；工作上，他没有艾什莉那么幸运，不过是一家保龄球馆的厕所清洁员；更倒霉的是，医院、警察局、急救中心，是他经常光顾的地方。

看到这些零碎片段时，众人不禁哑然失笑。不过，你有没有想过，同样是生活在一起的两个人，怎么有人幸运，有人倒霉，而且差别这么大？

这是天生的吗？不！这是人的吸引力在发挥作用。艾什莉的内心充满对好运气的渴望，这种渴望促使她感受美好、追求快乐，因而她的感觉越来越好。而杰克的潜意识里不断提醒自己，很快就有霉运来了。于是，正如他所想的那样，倒霉的事真的接二连三地来了，想甩都甩不掉！

人生是一场现场直播，生命中的一切好坏，都是我们过去的行为、言语和思想所吸引来的。既然生活中的所有事物都是你吸引过来的，这也就意味着，每个人其实都有能力和机会成为幸运人物。因为吸引力隐藏在每个人的心里，关键在于你是否能够巧妙地引爆它的能量。

谁不想成为幸运儿呢！相信你自己，重视你心里所期待的东西，在内心充满对幸运的渴望，接下来就很简单了，等待愿望实现吧！你发出一个非常强大的意志信号，它会产生强大的威力，这就是吸引力法则最初的源头。如此，你就能吸引着幸运成为自己生活的一部分。

　　也许，你正羡慕身边的交际明星、职场红人，他们幸运极了，能力出众、春风得意，上司欣赏他、客户喜欢他、同事佩服他，他如同众星捧月，想要什么就有什么。那么，从现在起，你不妨渴望自己成为那种气度非凡、内外兼修的人。只要你愿意相信自己，心中充满对各种幸运事情的渴望，不管做任何事，你都能获得成功。

06/ 生命必经的过程，谁也绕不开、躲不过

国王唯一的儿子生了病，并不是身体上的疾病，而是他整天闷闷不乐，什么也不愿意看，经常打骂侍从，脾气越来越坏。国王亲自去国内最有名的寺庙，请方丈帮忙想办法。

"让王子一个人出去旅游，只给他一点点钱。"方丈说。

"这是为什么？"国王问，方丈没有回答。

国王很信任方丈，就在王子的反对中，将他送出皇宫。

一年后，王子回来了。他晒黑了，也长壮了，更重要的是看起来非常精神。他对父母说："以前在皇宫，我下棋的时候，别人都让着我；我打猎的时候，连动物都来讨好我。我什么都不用做，只要坐在那里，就会有人把世界上最好的东西端给我，但我却觉得厌烦不已。在外面的时候，没有人帮我做任何事，有时候连饭都吃不上，但当我靠自己的努力又走了一段路，或者赚到一笔钱，都觉得特别兴奋！"

梦想如果那么容易实现，就不会让人如此向往。没有了沧桑，生活就会归于平淡，人生就不会那么完整、那么丰富多彩。

故事中的王子从小在蜜罐里长大，一切都顺着他的心意，即便生活在幸福中，他也会闷闷不乐。就像一个人总是走平坦的道路，没机会走山路、水路，甚至摔一跤。那他就会觉得人生是平淡、乏味的，自然就会心生厌倦。如果他在前进的道路上遇到荆棘、坎坷，有跋山涉水的机会，那么再走上平路的时候，就会觉得走平路原来是这么幸福——人心就是如此。

　　对一个运动员来说，轻易地战胜对手，拿到冠军奖杯，他觉得幸福吗？恐怕只会觉得茫然和无趣。要是他经过长期的艰苦训练，还要常年忍受失败的煎熬，最后才艰难地战胜对手。这个奖杯不管是在他的手中，还是在他的心中，都是沉甸甸的，具有非凡的意义。

　　没有了痛苦，人的幸福就不能称为幸福；没有了沧桑，人的生命就称不上完整。所以，幸福不是一个结果，而是一个追求的过程。只有经历了沧桑、痛苦，幸福才更有价值。

　　很多时候，我们只是想要享受幸福的生活，却不愿意承受磨难和沧桑。实际上，磨难和沧桑往往只是一时，只要你用心经历、努力克服，它就不会永远跟随你。当你体会了之后，才发现最初的痛苦不过是个包装盒，拆开后里边其实是命运送给自己的"宝贝"，每一样都配得好好的。

　　一只在地上觅食的青虫，羡慕地看着花丛间飞来飞去的蝴蝶，对它说："你多么好呀，那样漂亮，人人都喜欢你。你还会飞，自由自在。上天真是不公平，为什么我就只能在地面爬行，而且长得这样丑陋？"

　　蝴蝶说："千万不要这么说，如果你愿意，你也可以变成我。但你首先要用茧把自己包住，让自己呼吸困难，还要拼尽全身的力气，长出翅膀，用翅膀一点点划开那个厚重的茧，然后你就能变成蝴蝶了。"

　　"这么麻烦？要是划不开，怎么办？"

　　"那就只能闷死在茧里。"蝴蝶说。

　　"还是算了，我看当虫子也挺好。"青虫懒懒地拖着身子爬走了。

　　蝴蝶看着它的背影，不无遗憾地说："就是因为这样，你才只能当青虫。"

　　所有的事都有一个过程，人们都在追求最好的结果，就像青虫想要变成美丽的蝴蝶。对于蝴蝶来说，也许在它的记忆里，让它们得到最多的，并不是那个结果，而是过程中经历的人与事。只有蝴蝶知道，如果自己不经历那些磨难，不拼劲全身的力气，永远不会有展翅飞翔的一天。

　　当然，我们没有必要自寻苦恼，但是突然有一天，灾难来了，不幸来了，考验来了，我们应该勇敢面对。这是生命必经的过程，谁也绕不开、躲不过，何况这还是一种难得的经历与经验。只有经历了这些，生命才会变得越来越成熟；只有经历了这些，生活才称得上完整。

07/ 在这个贪心的世界，只要刚刚好

相传世上有一双漂亮无比的红舞鞋，只要穿上它跳舞，身体就会变得异常轻盈，舞姿也富有活力。不过，这双鞋有一种魔力，一旦穿上它，就会永不停歇，直到累得筋疲力尽。

一个非常喜欢跳舞的女孩，实在抵挡不住这种诱惑，不听家人的劝告，悄悄地去寻找那双红舞鞋，最终穿上它跳起舞来。果然，她兴奋不已，眼光发亮，身姿轻盈，好像有舞之不尽的激情与活力。她穿着那双鞋，跳过了田野乡村，跳过了街头巷尾，光彩照人的样子，惹得周围人一阵艳羡。

夜幕降临了，女孩累得腿脚发软，她想停下来，可脚却怎么也不听使唤。这一次，她终于明白为什么家人极力阻拦她了。可惜，后悔无用，她在黑暗中一面哭、一面跳着。

几天后，人们发现女孩躺在一片青青的草地上，旁边散落着那双永不停歇的红舞鞋。

我们如果只沉浸在故事的情节中，觉得甚是诡异，可静下心来品悟时，会发现故事背后隐喻着警醒的真理。这个世上，多少人在重复故事中的情景。他们在生活中穿上那双"红舞鞋"，一旦迈开追逐的脚步就停不下来，从一个目标跑到另一个目标，像是拧紧了发条的机器，无休止地高速运行着……

赵萍是一个非常能干的女人，也是一个贪心的女人，总是想要很多东西。

她想要赚更多的钱，获得更高的职位，希望自己每个月的业绩排第一。为此，她在工作中表现得总是急功近利，给自己定了一个又一个业绩目标。而且，一见单位有人事变动，她便四处托关系、走后门，不择手段地极力"求进步"，结果适得其反，不仅屡屡没得到重用，还落了个浮躁轻率的坏印象。

结婚时，由于资金有限，赵萍夫妇精挑细选后在郊区定了一套二居室的房子。住自己的家，自然舒适又方便，赵萍心中乐开了花。可是，看到闺蜜买了新房，地段好，房子大，里面装修也很高档，赵萍顿时变得压力重重。再回到家，她怎么看都觉得自己的房子不够好，劝丈夫"重新动动"，要在市区买更大的房子。夫妻俩为此整日口舌之磨、身心之疲，好好的家庭从此变得鸡犬不宁。

……

贪念是罂粟，美丽却有毒。

人人都有贪念，那什么是贪念呢？因某种东西不为我所有，而产生想要的欲望。一旦有了概念，人总要想方设法说服自己再多拥有一些。这种欲望如同罂粟一般，让我们食髓知味，深陷其中，不能自拔。如此，人就会失去平和的心态，精神上永无快乐、永无宁静，人生犹如走在"迷雾"中……

毕业之后，我们希望有一份理想的工作；有了工作，又希望能够有好的收入；当我们有了优渥的条件后，又期待房子、车子；物质生活得到保障，又期待一场唯美的爱情……无穷无尽的欲望，被我们当成幸福的一部分，强加在自己内心的有限空间中，到最后只能越来越累、越来越苦。

哲学家说："眼睛不要睁得太大，且问，百年以后，哪一样是你的？"

是时候提醒自己了，在这个贪心的世界，只要刚刚好。

人生没有彩排，每天都是现场直播。很多东西会在我们的人生旅途中渐行渐远，直至消失，如青春、财富、名利等。更多的东西，在我们不经意间，已经悄然而逝。世界上最珍贵的，不是已经失去的，也不是永远无法得到的，而是此时此刻你所拥有的。因此，不要为那些本来不属于自己的东西忙碌奔波，不妨把精力放在身边一点一滴的事物上，你会发现，一切都刚刚好。

一位年轻人事业有成，妻子温柔美丽，儿子活泼可爱，还有一群爱玩爱闹的朋友。但是，他却愁眉不展，唉声叹气，看起来十分不快乐。

见此，一个热心善良的天使前来，问年轻人："你看起来十分不快乐，我能够帮助你吗？"

年轻人对天使说："你真的能满足我的愿望吗？"

天使回答说："可以，你的愿望是什么？"

"我的儿子太调皮，很不听话，天天闹得我心神不宁；我的妻子尽管温柔，但是我们没有共同的话题，每天也说不上几句话；我的邻居天天更是烦人，有事没事都来家里拜访，打扰到了我的生活……"

妻子、儿子、朋友都不能让他感到快乐，反而感到不快乐，这下子可把天使难倒了。天使想了想，说："我明白了，好吧，我满足你的愿望。"然后，天使将年轻人周围的所有人都带走了，只剩年轻人孤零零地生活在人间。

一开始，年轻人还很高兴，但没过几天，他意识到没有儿子的欢闹、妻子的体贴、邻居时常对他的鼓励，生活顿时变得凄凉无比，他才知道原来自己的生活是多么幸福。他后悔莫及，觉得自己活在世界上已经没有任何意义了，便准备死去。

正在这时，天使又来了，并将年轻人的儿子、妻子和邻居还给了他。年轻人抱着儿子，搂着妻子，站在朋友们中间，满脸笑容，不停地向天使道谢。

面对错综复杂的都市世界，面对来自各方的种种诱惑，假如我们能够克制贪婪之念，守住内心，就能在障眼的迷雾中辨明方向，朝着正确的方向勇往直前，也就获得一种刚刚好的自在与宁静。

刚刚好，不争不抢，不急不躁。能承受的承受，该放弃的放弃，努力做好能做的，不是不追求，只是不强求，如此便不会迷失自我。

刚刚好，便是好。

08/ 静静等待，守护那一场花开

生活留给我们的往往是选择题，诸如在站台等公交车的时候，会出现某一辆公交车迟迟不来的情况，一些人会选择坐上另一条路程更远的车，或者是宁愿花很长时间来倒车；等电梯的时候，一些人会因为等电梯的人太多或者电梯迟迟不来而选择走楼梯。可结果呢？等车的人往往在到达目的地时发现自己绕了一个很大的弯，先前所等的那辆车已经提前到达多时；不愿等电梯的人，在气喘吁吁地到达自己要去的楼层时，发现电梯已经上下运行了好几次。

这是生活中司空见惯的现象，其实也可以总结出一些道理：当遇到无法抵抗的坏事情时，静静等候机会比横冲直撞寻找路径要有用得多。在"等不及"这样一个紧箍咒的摧残下，很多人在慌不择路中做出了错误的选择。当信心和耐心被逐渐消磨的时候，距离最后的目的地往往越来越远。

一个年轻人和女朋友约好了时间，在某个地方约会。他很早就到达了指定的地点，可是没有等待的耐心，开始变得烦躁不安，甚至有些气急败坏。在百无聊赖的时候，他开始抱怨女朋友为什么不能像他一样早来，抱怨今天选择约会是多么的失败和倒霉。

就在这个时候，他的面前来了一位老者。"我知道你在此抱怨的理由，"老者说道，"只要你戴上这块表，当你遇到不愿意等待的事情时，就将时针转动一下，这样你就可以跳过当时的时间，想要跳过多久都行。"

　　年轻人听到这里异常开心，表示感谢后，他欣然接受了这个神奇的礼物。老者走后，年轻人试着将时针向前拨动了几个小时，果然他期待中的女友出现了。见到有实际的效果，年轻人十分开心，心想，如果要是现在能与女友结婚该多好啊。于是，他继续转动时针，眼前出现的是他与女友一起在婚礼上的场景。接下来，年轻人在时针飞快的转动中看到了豪华的别墅、名贵的跑车、奢侈的食物……年轻人一圈又一圈地向前透支着自己的生命，到最后，他发现自己老了，疾病缠身，唯一的等待便是他即将面临死亡的现实。

　　此时的年轻人，非常懊恼：悔恨自己就这样匆忙地走完一生。万念俱灰的他，试着将钟表的指针向回调了一下，奇迹出现了。他突然之间回到最开始的时间，回到他女友还没有来的状态。此时，年轻人的焦虑和不安消失了，开始心平气和地看着眼前蔚蓝的天空，看着周围富有生机的一切，甚至觉得爬到他身边的甲虫都可爱至极。

　　做任何事情都很难一气呵成地完成，有一部分时间必然要花在休整、分析和判断之上。等待不是消磨时光、无所作为、庸庸碌碌，而是对一个人意志的考验。不愿意静心等待的人，往往在生活中表现得比较烦躁，无法享受到生命的乐趣，当然也就没有足够的耐心等待成功的到来。

　　事实上，等待也是行走的一种状态。

　　有一次，凯·本从偏远的农村搭车到城市，车到途中忽然抛锚。那时正值夏季，午后的天气闷热难当，这着实让人着急。凯·本询问司机，得知车子修好要用三四个小时时，便独自步行到附近的河边。

　　河边清静凉爽，风景宜人，凯·本在河中畅游了一番之后，感到浑身的暑气全消，神清气爽。之后，他躺在一片树荫下，迎着和煦的风，看着蔚蓝的天，听着婉转的鸟鸣，觉得此刻美妙极了，最后又美美地睡了一觉。

　　等凯·本回来后，司机已经将车子修好了。此时已经将近黄昏，凯·本搭上车，趁着黄昏凉爽的风，直向城中驶进。尽管耽误了半天时间，但是凯·本逢人便说："这是我平生一次最美妙、最愉快的旅行！"

　　在汽车抛锚又不能及早修好的情形下，别人可能会顶着烈日，气恼地抱怨车子怎么不能提早一分钟修好。而凯·本则利用这段时间，安心地在河边享受了一番，这次旅行变成了最愉快的一次，等待的妙处由此可见一斑。

　　人生没有彩排，每天都是现场直播。悲哀的事情就是，一切不能够重来，可喜的事情就是，它不需要重新再来。在等待的时间里，走过的地方永远不会再回头，而在这段等待的时间里，其实你完全不必急躁，泡上一杯香茗，慢慢品尝，淡化急躁和浮躁，静心等待美好未来的降临！

09/ 人生与事，当有所为，也有所不为

美国总统林肯说过："自然界里的喷泉，其喷发的高度不会超过它的源头。"每个人每件事都存在一定的极限，我们不能掰着柳树要枣吃，也不能逼着盲人学画画。虽说突破自我很有必要，但这种突破不是建立在鲁莽和无知的基础上的，而要量力而行，保持一种刚刚好的力度。

怯懦的人缺乏冒险精神，因此连力所能及的事情，也不敢去做；自大的人，则不了解自己能力的局限，所以总是在横冲直撞中把自己伤得头破血流。无论是怯懦的人也好，自大的人也罢，都是无缘成功的失败者。懂得量力而行，是人最难得的智慧，量力才能合理地发掘自己的才能与潜力，开创与自己相匹配的成功。

两只蚂蚁想翻越一段高墙，寻找墙那头的食物。

一只蚂蚁来到高墙面前后，毫不犹豫地开始往上爬，但墙实在太高了，每次爬到一半的时候，它就会因劳累和疲惫又跌落下来。但这只蚂蚁毫不气馁，每次跌落下来之后，它都会坚持站起来，迅速调整状态，重新开始向上爬，周而复始。

另一只蚂蚁则不然，它看着同伴不断失败，便想着换个方法试试看。它围绕高墙四处晃悠，观察着周围的环境，后来发现，虽然这座高墙非常高，但其实是可以绕行过去的。

很快，这只蚂蚁就绕过高墙，找到墙后头的食物。当这只蚂蚁在悠闲享受美食的时候，它的同伴依然还在辛辛苦苦地爬墙，在不停的

跌落中重新开始。

无数的成功者在分享成功经验时，都不断地鼓励人们，一定要坚持不懈地朝着自己的目标努力下去，但前提是，你得确实具备相应的能力。

就像那只勇攀高墙的蚂蚁，如果它通过坚持不懈的努力，成功翻越高墙，取得食物，那它的经历可能会成为一个励志故事。但问题是，它真的能成功吗？它并不具备相应的能力，一生都无法逾越高墙。和另一只蚂蚁对比，它那无畏的勇气与不放弃的坚持，看起来可笑又讽刺。

中国有一句古话："明知山有虎，偏向虎山行。"有时，这种大无畏的冒险精神是令人敬佩的。"明知不可为而为之"，往往能创造令人震撼的奇迹。但问题是，在敢于冒险之前，在超越自我时，你得先具备相应的能力，否则只能徒劳地浪费时间与精力。山上有老虎，武松敢上去，是因为他有极其强大的武力值，哪怕未必打得过老虎，放手一搏的实力还是有的，于是他在冒险中成就了一段传奇。如果我们把主角换一换，让弱不禁风的林黛玉去打老虎，哪怕她真的毫不畏惧地冲上山去，也只会让人觉得哭笑不得。这种不量力而行的行为，不叫勇敢，而叫"脑残"。

无论我们身在职场，还是驰骋商界，都不应该认死理，超越自身能力，做不到的事情就坦然退后，别非得和人拼个你死我活，最终捞不着任何好处。人不是万能的，每个人的能力都有局限，只有认清这一点，敢于承认，我们才能真正在人生道路上做到进退自如，张弛有度。

量力而行之后的退让不是怯懦，而是另一种勇敢与智慧。

一位登山运动员参加了攀登世界第一高峰——珠穆朗玛峰的活

动。我们知道，珠穆朗玛峰最高海拔为8000多米，但这位运动员在爬到6000多米的时候，因为身体出现不适，而放弃了攀爬。

面对快要登顶，他放弃了，很多朋友深表遗憾，这个说："哎呀，你都已经走了四分之三的路程，为什么要放弃呢？"那个说："如果能咬紧牙关挺住，再坚持一下，或许也就上去了。要知道，多少人梦寐以求站在珠穆朗玛峰上啊！"

面对众人投来的惋惜之情，这位运动员不以为意，平静地对大家说："其实，我心里很清楚，6000多米对我来讲已经是我登山生涯的最高点。根据我当时的身体状况，已经是极限了。如果我再继续爬，很可能会丧失性命。难道我会和自己的生命开玩笑吗？所以，对于中途退却，我一点都不感到遗憾。"

成功面前，退比进更需要勇气。当我们到达一定的程度，无法再前进，或者再往前走很可能会让自己惨不忍睹的时候，退一步才是最明智的选择。也就是说，每个人都有最大的承受力。就像这位登山者，他很清楚自己的生命所能承受的极限，因此即便再坚持片刻可能就能获得胜利，他也明智地选择退却。毕竟，与生命相比，这又算得了什么呢？不是所有的事情都值得你去拼命。

生活中，面对同样的事，有的人能够应付自如、轻松潇洒，而有的人却总是力不从心、屡屡受挫。前者之所以比后者活得潇洒，过得幸福，并非因为他们具有无可挑剔的头脑，而是因为他们能够把握"进退"的界限。当面临"不可进"的情形时，他们懂得退后一步，然后再想办法让自己前进。

人应该坚持，但绝不能盲目固执，"当行则行，当止则止"，说的就是这个道理。人生与事，有所为，有所不为，凡事尽力而为，刚刚好。

10/ 那些琐碎的时光都是享受

时光在岁月里留下秒针，一摆一摆的，见证着沧海变成桑田。

有人说过："我们从起点出发的时候，知道自己的目标是什么。可是走得远了，就忘记了当初为什么而出发！"忙碌的人们不妨想一想，你是不是也是如此？原本是为了更好的生活而努力，可到现在，是否已经疲于奔命，早已忘了自己的初衷是为了更美好的生活？

拉比看见一个人行色匆匆、急急忙忙地赶路，便把他叫住，问："你到底在追赶什么呢？"

"我要赶上生活。"这个人头也不回、气喘吁吁地回答。

"你怎么知道生活就在前面？只顾着拼命往前跑，一心一意想赶上生活，为什么不看看四周呢，问问自己的生活究竟在哪儿？或许，它还在后面追赶你呢！只要静下心发现，生活就能与你会合。你现在越跑越快，是在拼命逃离自己的生活！"

故事中那个拼命追赶生活的人，实则是生活中不少人的缩影。他们早已忘记日出而作、日落而息的悠闲，让人生之旅的这趟列车以最快的速度疾行，恨不得把自己的所有时间都填满。生命在奔忙中消耗，自己的精神也在快节奏的生活中趋于紧张，甚至麻木或崩溃，感受不到幸福和美好。

忙是现代大部分人的生活常态。虽然人生重在忙碌、充实，但生活里还有一些平静的琐碎时光，等待着我们细细感受和回味。那些琐碎的时光那么平凡、那样漫长，又是那样不厌其烦，但恰恰是它们构成一个个真实的精彩人生，这才是生命最弥足珍贵的状态。

你见过生活中哪个超高速运转的轮胎可以收放自如吗？你见过哪个绷得过紧的琴弦依然能弹奏出美妙的乐章？你见过哪个盛满了水的铁锅不锈迹斑斑的吗？一些先知先觉的人，总是告诫我们——要学会享受生活，可听到的答案往往是：我也愿意享受，可享受需要时间和资本。

其实，生命已经给了我们享受的权利，是我们自己不够尊重生活。享受生活的快乐与幸福，没有什么固定的模式。只要保持一种淡定、乐观的心态，以正确的方式创造生活，在这个过程中，你一定能够享受到快乐和幸福。

她叫包希尔·戴尔，眼睛几乎什么也看不见，可她的生活却很美好，丝毫不像人们所想象的那样糟糕。她有一个信念：不管是谁，只要来到这个世界上，那就是合理的。她经常说自己相信有所谓的命运，可更相信快乐，即便是在厨房的洗碗槽里，也依然可以寻求到快乐。

包希尔·戴尔的眼睛，处于几近失明的状态已经很久了。她曾在自己的著作《我要看》中这样写道："我只有一只眼睛，而且还被严重的外伤给遮住，仅仅在眼睛的左方留有一个小孔，所以每当我要看书的时候，我必须把书拿起来靠在脸上，并且用力扭转我的眼珠从左方的洞孔向外看。"尽管事实如此，可她不喜欢别人的同情，更不希望别人把她当成一个异类。

当包希尔·戴尔还是个小女孩的时候，她渴望跟其他的孩子一同踢石子，可她的眼睛看不到地上所画的标记，根本没有人愿意带她玩。于是，她就等到其他的孩子回家之后，趴在他们玩耍的场地上，沿着地上所画的标记，用眼睛贴着它们看，并把场地上所有相关的东西都默默记下来，那些标记就慢慢地印在她的心里了。不久，她神奇般地成了踢石子游戏的高手。

当别的孩子都走进学校的时候，包希尔·戴尔只能在家里读书。她总是先把书本拿去放大影印之后，再用手将它们拿到眼前，用几乎是贴到眼睛的距离看，每次她的睫毛都会碰触到书本。在如此艰难的情况下，她竟然获得两个学位，一个是明尼苏达大学的美术学士，另一个则是哥伦比亚大学的美术硕士。

终于，在她52岁那年，奇迹发生了。她在一家诊所做了一次眼部手术，没想到这次手术让她的眼睛能够看到比从前视距40倍远的地方。当她在厨房做事的时候，她觉得即便是清洗碗碟，也非常令人激动。她说道："当我在洗碗的时候，我一面洗一面玩弄白色绒毛似的肥皂水，用手在里面搅动，然后手捧起一堆细小的肥皂泡泡，把它们拿得高高的并对着光看。在那些小小的泡泡里面，我看到了鲜艳夺目好似彩虹般的色彩。"

当她从洗碗槽上方的窗户向外面看去的时候，出现在她眼前的是一群灰黑色的麻雀，在下着大雪的空中飞翔。她是那样愉快、那样忘我地观赏着肥皂泡泡和窗外的麻雀。她在书的结语中写道："我轻声地对自己说，亲爱的上帝，我们的天父，感谢你，非常非常地感谢你！"

看到包希尔·戴尔的故事，相信很多抱怨"没时间和资本享受生活"的人都会感到羞愧，因为自己已经生活在一个美好的乐园里了，却被蒙上双眼，没有享受生活。

其实，用心体会就会发现生活中的许多琐碎时光都是一种美的享受。正如作家吴淡如所说："当我发现一个人的我依然会微笑时，我才开始领会，生活是如此美妙的礼物。喝一杯咖啡是享受，看一本书是享受，无事可做也是享受，生活本身就是享受，生命中的琐碎时光都是享受。"

不要在意享受的定义，要知道，享受生活的方式有很多，因为生活本身就多姿多彩，关键在于你如何选择、如何对待。多做一些美好的事情，用心去品味，在晚上放下一天的忧虑，听上一段轻音乐，看上几页喜欢的书，又或者在周末用美食犒劳自己，在假日来一次说走就走的旅行……

不管是酸甜苦辣中的哪一种滋味，用虔诚的态度对待生活，你就可以悟出生活真谛，惬意自在心中，人生不会虚度。

11/ 接受一切，我命自改

你会泡咖啡吗？一起来试试。

拿一只杯子，放入咖啡粉，把烧开的水冲入，搅拌一下，让咖啡粉溶在水里，然后倒入准备好的牛奶，放几颗方糖，再用勺子搅拌一下，一杯提神美味的速溶咖啡就这样冲成了。捧起这杯咖啡，现在你告诉我，如何才能从这杯咖啡中只喝香浓的牛奶呢？

大概你得有特异功能，让时间倒流，才能做到吧。但很可惜，我们都是平凡人，想要喝到香浓的牛奶，就得一并接受苦涩的咖啡和甜蜜的方糖。它们早已相互交融在一起，难舍难分。其实，生活就像这杯冲好的咖啡，我们无法将它分离成一个个区块，从中挑出某个部分。你想要牛奶，就得接受咖啡和方糖；你想要方糖，便不能丢弃咖啡和牛奶。

人生中的苦与甜同样如此，它们交织缠绕，共同组成生活。你追求幸福，就得承受可能遭遇的苦涩。当浓郁的咖啡流淌过唇角时，品味苦涩的同时，你也将感受到牛奶的香浓。生活亦然，你总是以为苦是甜的反面，但其实，只有当你能够坦然接受苦涩的时候，也才能品出幸福的滋味。

美国著名小说家塔金顿年轻时曾体验过一次盲人生活，事后直呼"受不了太可怕了"，并断言"我可以忍受一切变故，除了失明，我绝不可能忍受失明"。

不幸的是，60多岁的时候，有一天塔金顿正在低着头扫视房间地面上的地毯，突然发现自己看不清地毯的颜色和图案了。他去医院检查，医生向他宣布了一个不幸的消息："他的视力正在减退，其中一只眼已几近失明，另一只也快瞎了"。

塔金顿最恐惧的事发生了，家人以为他会沮丧、会抱怨，甚至自暴自弃。但塔金顿没有，他的反应很平静，反而宽慰家人说："虽然我不喜欢发生这样的事情，但也知道自己无法逃避，所以唯一能减轻痛苦的办法，就是爽爽快快地接受它。"

为了恢复视力，塔金顿在一年之内做了12次手术，但从未因此而烦恼过，还经常鼓励病友们振作起来。眼球里有黑斑浮动，会挡住塔金顿的视线。当有人问他是否感到不便时，他幽默地说道："当它们晃过我的视野时，我会对它们说：'嗨！天气这么好，你要到哪儿去！'"

塔金顿积极地适应这样的生活，最终他的视力恢复了。在谈及自己的那段经历时，塔金顿感慨道："即便我的眼睛失明了，我还可以靠思想生活，有终生追求的理想，有爱我和我爱着的人……这件事教会我如何忍受，而且使我了解到生命所能带给我的，没有一样是我能力所不及而不能忍受的。"

虽然事事如意是每个人心中共有的渴望，但现实有时很残酷，有时很无情，有时也很无奈，那些我们所害怕的事情，所不能接受的事情，总是猝不及防就降临了。没办法，这就是真实的世界，美丽又残忍。你可以不喜欢，也可以逃避，但是逃避解决不了任何问题，抱怨也改变不了任何事情。

其实，我们总是比自己所以为的要坚强得多。我们以为，失去爱情，生命就毫无光彩。但事实上，打开心房，世上仍然有无数的美丽为生活增添色泽；我们以为，失去视力，就再也看不到生活的希望，但事实上，哪怕眼前黑暗，我们心中依旧能充满阳光；我们以为，失去财富便再也无法在社会上生存，但事实上，靠着勤劳的双手，一点一点打拼，何尝没有乐趣……诚如塔金顿所说，生命所能带给我们的，没有任何一样是我们无法接受的。

当不幸降临时，真正折磨我们，让我们痛不欲生的并非不幸本身，而是我们不愿意接受苦涩的人生，不愿意接受生活不好的一面。不接受，往往会将自己的不如意统统归咎于生活，在怨天尤人中消耗光阴。但如果你能坦然接受这一切，用豁达的心面对，积极行动，反而会改变一切。

黄铜在一家人寿保险公司上班，虽然他一直很努力、很勤奋，但业务开展依旧十分困难。结果，老板不仅每月只象征性地给他几百元钱，还总是阴沉着脸责他。黄铜觉得委屈极了，对工作也常常敷衍了事。他曾愤愤地对一个朋友抱怨："业务不好也不怨我，我到公司都一年了，苛刻的老板连工资都不给我涨。改天，我要对他拍桌子，然后辞职不干。"

听了这话，这位朋友反问黄铜："你把保险业务都弄清楚了吗？"

"没有，"黄铜回答，"工资那么少，我为什么要做那么多？"

"要我说，你应该把业务完全搞通，然后再一走了之，这样才值！"朋友说道。

黄铜觉得朋友说得有理。为了争一口气，他一改往日的散漫，开始认真学习保险业务，研究推销保险的技巧。后来，黄铜的业绩渐渐有了起色，到年底的时候，甚至成了公司的销售冠军！当然，老板对黄铜也是刮目相看，涨薪这事自然也就水到渠成。

生活里不如意的事情，数都数不过来。例如，你在单位拼命工作很多年，老板却把晋升的职位给了一个亲戚。有些人不学无术，但老天似乎总是对他一路绿灯，而你很努力、很勤奋，却处处碰壁……这些事情固然令人愤怒、难以接受，但问题是，我们再愤怒、再痛苦，也不能改变什么。

面对人生，最好的方法就是接受。接受意味着我们承认现实，但并不意味着逆来顺受、束手无策。接受一切，就是接受当下真正的自己。人生每天都是现场直播，只有当你能坦然接受当下时，才能心平气和地蓄积力量去改变、去抗争，做些实实在在的事情来改变现状。

为此，我们不妨一起学习一下新英格兰著名女性主义者玛格丽特·福勒的人生信条——"宇宙中的一切都是必然的，我接受宇宙中的一切"。

Chapter 4/ 我那么努力，
不过是想把每一天都活成经典

　　全心全意地对待生活的每一天，把每一天活成最精彩的。每一天都是崭新的，都可能是你的重生。当你不上进时，世界只会加倍惩罚你。当你努力又积极，世界只会给你所有的美好。

01/ "讲究"和"将就"是努力的差别

每个人都想拥有好的人生，可在现实生活中，大部分人的生活都在"将就"。

不知道自己适合什么工作，凑合着找一个先做着；不知道爱情和心动的感觉，至少要有一个过日子的伴侣。或者知道自己最喜欢什么，但觉得没能力得到，于是将就；知道自己想达到的目标，却认为风险太大，于是凑合；知道爱情是什么，但爱情的要求太多，干脆不再渴求。

当一个人放弃了追求，开始对现实妥协，他的人生只能将就，最好、最喜欢和最适合的，都将被自己一一放弃。

一直以来，孙苗都是一个喜欢诗情画意的女孩，毕业时想从事和文学有关的工作，但考虑到就业压力，选择了做老师。日复一日的工作，在单调地重复着，未免让人心生厌烦之感。于是，孙苗有了将就的心态，开始混日子。越是这样，做事就越不想出力，更不想尽力和费力，整个人变得懈怠起来。

和小城里的姑娘一样，孙苗自从大学毕业返乡工作后，便踏上相亲的漫漫征途。家里的七大姑八大姨忙着张罗，据孙苗自己统计，最夸张的时候，她曾经一个星期赶赴9场相亲宴。一直没有合适的，孙苗不知不觉便成了"大龄剩女"。看着身边的朋友结婚生子，她开始想找个人凑合过的。没多久，她就和一个同事结了婚。丈夫虽然老实可靠，但她始终感觉不到甜蜜和浪漫。

孙苗原以为将就可以成全自己，但这种将就压抑了自我，多了些悲哀的成分。

一旦你选择将就，你的人生就不讲究。

讲究和将就代表能力上的不同，这是客观存在的残酷事实。很多人有能力讲究，但却将就，为什么？他们太懒了，不肯多走一步、多费一秒，不愿多努力、多尝试，宁愿不那么讲究，也不那么累。当一个人安于现状、没有改变愿望又凡事都要将就时，他会不会有好的人生？答案显然是否定的。

讲究和将就，是努力的差别。有些人一辈子都将就，并认为自己只能过现在的生活。有些人一辈子都讲究，会靠自己的努力一步步达到目的。

人生是一个现场直播，你想成为将就得过且过，让自己的人生缺乏光彩的那种人吗？不想的话，就赶快讲究起来，讲究更有发展的工作、更有效率的工作方法、更高的生活品质、更好的自我形象、更和谐的人际关系、更舒适的心境……只有在讲究中，你才能以最快的速度发展和进步！

安然自小就是一个各方面都普普通通的女孩。她考大学时，家里经济已有些吃紧，偏偏她又没能考中。父亲很平淡地对她说，"没考上就没考上，女孩子家识些字已不错了。"那时，全家人都为她规划未来：上一所市级的普通师范类学校，毕业后在小学做一名教师，平平稳稳过一生。但安然不接受这样的安排，她的理由很简单：不想把一生就那么交付了，自己还年轻，想复读再考。复读那一年，她人整整瘦了十几斤。她说："我每天只睡四五个小时，其余时间都用来复习，就要上最好的学校。"一年后，安然拿到某所重点大学的录取通知书。

　　大学毕业时，家里人给安然在老家找了一份"铁饭碗"的工作，但她却执意留在大城市："回老家可能会更安逸，但那份工作不是我喜欢的，我不想将就着过，渴望更大的天空。"就这样，安然靠着自己的努力找到一份心仪的工作，只是她到了婚嫁年龄，却一直没有恋爱。亲戚朋友们忙着给她介绍对象，她仍旧悠闲自在。妈妈整天和她唠叨"差不多就行了，把自己拖老了"，她白了妈妈一眼"你以为这是挑衣服呀，不合适再换换，我就要找到自己最好的意中人，绝不将就"。30岁那年，安然风风光光把自己嫁了，对方是一个高大帅气又贴心的青年才俊。躲在男朋友怀里那个娇羞的安然，她的眼神、神情都向外界证明："此刻的我，很幸福"。

　　生命是自己的，生活是现实的，千万不要相信"将就就会万事大吉"之类的话，更不要满足得过且过的表现。我们的人生由自己主宰，不将就，不平庸，要做就做得最好。一个脚踏实地、勤奋努力的人，总会向目标不断迈进，一步步接近完美，让自己的人生更加精神。

02/ 不在舞台中心，更要努力争取

人生没有彩排，每天都是现场直播。毫无背景的我们，可能迄今为止还只是一个小角色，但就算扮演着最普通的小角色，我们也要用心去演。

决定我们将来的，不是我们现在的位置，而是我们努力的方向。

乔治是英国剑桥大学机械制造专业的高材生。毕业以后，他和许多同学一样，慕名前往当时英国最著名的机械制造公司威里克公司求职。同样，和许多同学一样，他被拒绝了。原因很简单，这家公司的高级技术人才爆满，如果求职者不是异常出色，他们不会劳财劳力培养新人。但乔治不愿死心，他发誓一定要成为这些精英中的一员，于是采取了一个特殊的策略。

乔治先是来到威里克公司人事部，表示可以为公司提供无偿劳动，并接受公司分派给他的任何工作，而且一定尽心尽力圆满完成。人事部负责人觉得这太不可思议了，但既然不用花费公司任何费用，也用不着操心，为何不用呢？于是，乔治被派往车间，负责清扫那里的废铁屑。

整整一年，乔治都在重复这种简单枯燥但十分辛苦的工作。为了生活，下班以后，他还要去酒吧打工。这一年来，他虽然得到领导和员工的好感，但管理层从没表示过会正式录用他。这时候，公司出现经营危机，订单被纷纷退回，理由均是产品质量问题，公司遭受前所未有的重大损失。为挽救颓势，董事会召开紧急会议商议对策，会议进行了一大半，众人依然毫无头绪，乔治突然闯了进来，提出要直接面见老板。

面对老板和公司一众高层，乔治把问题的根源做了令人信服的解释，并且提出拯救方式。他对产品的改造设计非常先进，恰到好处地保留了产品原来的优点，同时克服了已出现的弊病。老板和董事们见这个编外勤杂工竟如此精明在行，便询问了他的背景，在了解了他的求职经历以后，当即聘用他出任公司负责生产技术的总经理。

原来，乔治在做清扫工作时，利用勤杂工可以到处走动的特点，细心观察了整个公司各个部门的生产情况，并一一做了详细记录。凭借专业敏感性，他发现产品所存在的技术问题，并利用一年时间进行设计实践，最终想出解决方法。这种带有"自贱"意味的策略，最终为他大展才华赢得了宝贵的机会。

一个能够成就大业的人，并非具有一步登天的本领，也并不是一开始便居高位，关键是他们具备脚踏实地的做事态度及非凡的耐心。正是他们愿意说服自己演好小角色，静下心来检视自己，沉下心来好好做事，积弱图强，守弱保刚，才为将来的出人头地打下了良好的基础。

古人曰："勿以事小而不为"，从小角色做起，一样可以成为大人物。现在的你，不要因为角色卑微而满腹牢骚、怨天怨地，不要因为所做之事细琐而不屑一顾、敷衍了事，更不要因此灰心丧气、自暴自弃。你的明天，往往取决于你的今天。把不起眼的角色演绎好，你就能让别人另眼相看。

03/ 把每件事做到极致，想要的都会有

人生有且只有一次，如何做事才能最快达到目标，从而改变自己的人生现状呢？

做事只要做到位就行了，一般人都是这样做的。但是，"做到位"只是一个最起码的要求，"做到极致"才算完美。什么叫极致？极致就是做到最好，百分之百的完美。

即使1％的差错，也有可能带来100％的问题。这里有一组数据，在美国如果做到99％好的话，每年大约会有25077份文件被美国国家税务局弄错或弄丢；每天大约将有3056份《华尔街日报》的内容残缺不全；每年大约会有11.45万双不成对的鞋被船运走；每天大约会有2架飞机在降落到芝加哥奥哈拉机场时安全得不到保障；每天大约会有12个新生儿被错交到其他父母手中……

每天都是现场直播，千万不要让一时的疏忽，给你造成无法弥补的损失。一个真正努力的人，任何时候都不会满足于"做到位"，而是对自己精益求精，杜绝一丝一毫的疏忽，做到100％完美。

美国前国务卿亨利·基辛格就是一个严格要求自己和下属的人。在非常繁忙的情况下，他都坚持把每一项工作做到最好，做到100％才算合格。

一次，一位助理呈递一份计划书给基辛格，并问他的意见。基辛格并没有看计划书，而是问助理："这的确是你所能拟订的最佳计划吗？"助理有些迟疑"这个……我花费了不少功夫，不过……"基辛

格打断助理的话："我相信你再努力一下的话，一定会更好。难道你不希望将这份计划做得完美无缺吗？"

助理想了一下，拿起那份计划书走出办公室。两周后，助理又呈上自己的新成果。基辛格依然没有看那份计划书，继续问道："这的确是你所能拟订的最佳计划吗？"看着基辛格充满期待的眼神，助理后退了一步，喃喃地说："也许还有一两点可以再改进一下……也许需要再多说明一下……"

这位助理下定决心要拟出一份任何人——包括基辛格都必须承认100％的"完美"计划。他日夜工作三周，甚至有时就睡在办公室里，终于完稿了。他得意地迈着大步走入基辛格的办公室，将报告呈交给基辛格。当听到那熟悉的问题——"这的确是你所能拟订的最佳计划吗"时，他胸有成竹地回答："是的，国务卿先生。""很好，"基辛格笑了，"感谢你，这下我有必要好好读读了。"

完美的人生源于对"精"的追求，我们不妨打个形象的比方：做事就好比烧开水，99℃就是99℃，如果不再持续加温，永远不能成为滚烫的开水。精益求精就是再添一把火，在99℃的基础上再升高1℃，以达到真正沸腾的效果。

是的，以精益求精的精神做事，把问题弄懂，把技术学精，能力才能得到迅速提高，成为所在领域的行家里手。正如西方的一句著名谚语所说："如果你能够真正制作好一根针，这应该比制造出粗陋的蒸汽机赚到的钱更多。"

张倩是某著名大学英语专业的一位优秀研究生，毕业后在英国大使馆做起了接线员。接线员的工作简单而轻松，就是做好电话的收听和处理。接线员工作台上有一个登记着使馆人员联系方式的本子，一有电话打进来时，接线员可以在本子上找到对方需要或想要的电话。

但张倩认为翻看本子会浪费对方的时间，于是她开始背诵使馆所有人的名字、电话、工作范围，甚至他们家属的名字。

工作一段时间后，张倩将这些信息都背得滚瓜烂熟。只要一有电话打进来，无论对方有什么复杂的事情，张倩总能在30秒之内帮对方准确找到人，工作效率比其他接线员要高出不少。渐渐地，使馆人员有事要外出时，并不是告诉他们的翻译，而是给张倩打电话，告诉她如果有人来电话请转告哪些事，就连私事有时也委托她通知。张倩逐渐成为大使馆全面负责的留言中心秘书，受到使馆所有人的好评。

一年后，张倩被破格升调到外交部，给英国某大报记者处做翻译。该报首席记者是个名气很大的老太太，得过战地勋章，被授予过勋爵，本事大，脾气也大。她把前任翻译赶跑后，刚开始也不要张倩，后来才勉强同意一试。张倩的翻译工作做得很好，除此之外，还精益求精，经常帮助老记者搜索资料、整理文件等。之后，张倩不仅获得老记者的嘉奖，还一再得到重用和提拔。

无论是开始的接线员，还是后来的翻译，张倩的工作都不算复杂，而且没有什么新意，但她把工作当成一份事业，对自己精益求精，不仅努力做到最好，还追求努力做到更好。试问，这样的人怎能不优秀呢？最终，张倩博得上级的信赖和重用，也取得了令人羡慕的成就和地位。

在有限的人生里，你希望获取成功吗？渴望成就自我吗？如果你的答案是肯定的，那就从此刻开始严格要求自己，时常问自己，"我已经竭尽全力了吗？""我能不能做得更好？"要完成100%，绝不只做到99%，努力把事情做到极致，你将比他人更出色，想要的一切都会有的。

04/ 有远见的人，才能有大作为

千百年前，坐在田埂上的农家小子陈胜感叹："嗟乎，燕雀安知鸿鹄之志哉！"于是，陈胜成为率众起义、反对秦朝暴政的农民领袖，在历史上留下浓墨重彩的一笔，而那些曾和他一块耕地的农民，则依旧是老老实实的农民。

同是农民，背景也好，能力也罢，估计相差不会太远，然而却造就了全然不同的命运。可见，不同的目标，往往能够造就不同的人生。

我们从小就被教育对未来要有远大的理想，这是因为，一个人的目标很大程度上决定了他人生的动力和终点。以最简单的跑步为例，如果一个人的目标是五百米，他到达后就不会再想继续，就算要继续，也要经过一段时间的休息，因为他已经完成了预期目标。而把一千米作为目标的人，就算到了终点不再继续跑，也比别人多了五百米。这就是目标不同所造成的人与人之间的差距。

两个小孩，一个瘦瘦高高，一个又胖又矮。一次，他们携手走在乡间的铁轨上，突发奇想地决定比一比，到底谁能走得更远。

那个瘦瘦高高的孩子想："我长得比他高，步子显然比他大，而且他是个胖子，走不了多远，这场比赛我赢定了。"

矮矮胖胖的孩子同样自信满满、毫不怯场，一副成竹在胸的样子。

比赛开始了。瘦瘦高高的孩子果然很快就多走出一大截，他认为矮矮胖胖的孩子马上就会认输，可没想到的是，那个孩子一直跟在他的身后，走得非常稳当。两人走了很久，高高瘦瘦的孩子渐渐有些支撑不住，但矮矮胖胖的孩子却仍然走得非常稳当，不紧不慢，丝毫没有打算停下脚步。

最后，高高瘦瘦的孩子实在坚持不住认输了，他好奇地问矮矮胖胖的孩子说："你这么胖，怎么比我走得还要久？有什么秘诀吗？"

矮矮胖胖的孩子笑眯眯地回答道："没有什么秘诀，关键在于你走路的时候只看着自己的脚，所以容易疲倦，而我会盯着远处的某个地方，给自己定下一个目标，达到这个目标后，我再找下一个目标，所以越走越快。这大概就是我们的区别。"

不论做什么事情，人的持久力都是有限的，就像一根弦，绷得紧了，总会有松懈的时候。生活中，相信每个人都有过这样的体验，当完成一个耗时耗力的工作时，往往到后期，支撑我们继续下去的，完全是意志力。工作完成后的那一瞬间，正是我们意志力最容易松懈的一瞬间。

因此，总是盯着自己双脚的人往往最容易疲惫，对他们而言，脚下就是目标，每踏出一步，都是在与"松懈"做斗争。那些盯着远方的人却因为对目标的期待，常常忘记自己移动的双脚。前者总在计算自己走了多远，后者则一直鼓励自己走得更远，所以他也往往会走得更远。

目标是自我激励的基础，但需要注意的是，目标与结果是两回事，有了好的目标，不一定有达成目标的能力。当然，确定目标却达不到，固然令人失望，可如果没有这个目标，我们将不知道该往哪个方向走，该朝哪个方向努力，以至于让人生在无穷无尽的迷茫中荒废。也有人胡乱地为自己定下目标，根本没有具体计划，更别说按照计划认真执行，这样的目标都是无效的，自然得不到想要的结果。

人生如同一场赛跑，哪怕站在同样的起点，总会产生不同的名次。有人能成为冠军，自然就有人会被淘汰，而那些被淘汰的人，大多不理解这种状况：自己做的事并不少，为什么会比别人差呢？事实上，扪心自问，你所谓的"并不少"，真的"足够多"吗？

很多时候，成功者与失败者的差距，其实就在于他们对"多"和"少"的定义。那些有着远大目标的人，总是嫌自己做得不够多，懂得不够多，以至于不能走向更高更远的地方；而那些安于现状的人，则总会对自己说："我做得已经够多了"。于是，前者不停地督促自己前进，后者不是原地踏步，就是极不情愿地小步向前挪动。这样一来，二者的距离自然越来越远。

建筑工人汉克斯和几个工友走出酒馆，今天是周末，他们照例要去喝上几杯。在街口，一辆气派的轿车停在他们身边，城里著名的建筑商人格林先生走了下来，与汉克斯打招呼，两个人亲密地聊了很久。

等格林先生的车子开走，工友们问汉克斯："你竟然认识格林先生，真让人吃惊！"

"我和他认识十年了。十年前，格林和我一样是建筑工人！"汉克斯说。

"天啊，为什么你们现在有这么大的差别？"工友们问。

"没什么奇怪的，十年前，我们都是建筑工人，不同的是，我为每周三十美元的薪水工作，他则为建筑事业工作，所以他成了一个成功的建筑商，我还是一个为每周几十美元薪水工作的建筑工人。"汉克斯说。

同样是建筑工人，汉克斯先生与格林先生的命运截然不同，究其原因，正是他们人生目标的不同。

虽然做的工作一样，但格林先生的目标是成为一个建筑商．于是他的每个行动都在为这个理想努力，人生的方向也一直朝着这个目标前进。而汉克斯，所在乎的是每周的薪水，他的工作目标也只是拿到每周的薪水，然后就用喝啤酒的方式来享受生活。十年后，他们其实都达到了自己的目标，只是格林先生的目标要比汉克斯高得多，所处的位置自然比汉克斯高得多。

目标决定人生，你看得远，注定你的人生将能够走得远。如果没有宽广的眼界，没有高远的梦想，即便给你毁天灭地的能力，也只能在自己狭小的世界里作威作福，就像井底的青蛙。看得远，才能走得远，别怕自己的理想太高贵，世界总会给那些有远见的人机会。

05/ 善于自省的人，终会把自己变成"钻石"

生活中，当你因某些原因犯错时，你会做出怎样的回应？

"我不是故意的""这不全是我的错""本来不会这样的，都怪……""谁都会犯错，不用大惊小怪吧"……类似这样的话语，你是否说过？如果是，或许你该好好想一想，停滞不前的自己、毫无改善的生活、失去希望的前途，根源到底在哪里。

这个世界上，大多数人是平庸的，因为他们缺乏自省的习惯，从来不会自我审视，以至于根本不清楚自己身上所发生的变化，不清楚自己的本质。一个连自己都不清楚的人，自然不可能由过去的经验思考自己的未来。故而，这样的人往往只能过一天算一天，平庸地消磨完一生。

相反，如果一个人能随时诘问自己过去的转变，他就可以在不断的琢磨中判断出以往看待事物的观点是否存在偏颇。若是没有问题，当然可以继续以此眼光看待这个世界，万一有所不足，也可以加以修正。如此，便可以在不断的琢磨和思考中提升自己的修养与思想，让自己有所进步。

生活中，很多人缺乏自省的习惯，或者说勇气。犯错时，找借口、逃避责任、指责别人，几乎已经成为大部分人下意识的反应。正因如此，许多人在漫长的一生中都没有真正认清自己的本质。所谓"江山易改，本性难移"，正是如此。连自己的本质都看不清楚、认不明白，又怎么奢望能有所改善呢？

正如苏格拉底所说："没有经过反省的生命，是不值得活下去的。"有迷才有悟，过去的"迷"，正好是今日"悟"的契机。因此，经常反省，检视自己，才可以避免偏离正道。

著名作家梁晓声是一个非常善于自省的人，他在自己的随想录里回忆说，少年时代的自己曾是个非常喜欢撒谎的孩子，尤其是在面对错误的时候，总是企图用谎言为自己推卸责任。幸好，他很快意识到，这种撒谎的行为虽然能在某些时候让他逃避别人的责难，但却常常使他产生浓重的内疚感，这让他一度陷入矛盾和痛苦的纠结。后来，通过坚定的自我反省意识，梁晓声努力抑制住自己爱撒谎和推卸责任的不良习惯，消灭了一种消极品性滋长的可能性。

后来，自省成为梁晓声人生道路上一个非常重要的好习惯。他说："我的最首位的人生信条是自己教育。"正是通过这种"自己教育"的方式，梁晓声清晰地认识到自己性格中的种种不足和消极因素，并自觉地抑制这些因素的扩张，从而让自己成为更加优秀的人。

俗话说："金无足赤，人无完人。"这个世界上，没有谁是十全十美的，任何人都会有缺点和错误。有错误或缺点并不可怕，可怕的是我们无视它、不去改正它，从而让自己停滞不前。反省就像一面镜子，它能将我们的错误清清楚楚地照出来，使我们有改正的机会。任何一个优秀的、严于律己的人，相信都不会拒绝一个纠正自身错误、改正自己缺点的机会。

《论语·里仁》中说："见贤思齐焉，见不贤而内自省也。"意思是说，要是看到别人的优点，就要向别人学习，设法使自己也具有同样的优点；相反，如果看到别人的缺点，就要积极反省自己，看自己身上是否也存在类似的缺点。这句话无疑为我们不断反省和完善自己提供了一个很好的启示。

著名作家路德·杜德利说过："在文学上，我总是只与我认为很不错的老朋友交往，我的朋友是经过我长期选择的，和我的朋友们在一起，我总能从他们身上发现需要我学习的东西，于是，我变得越来越崇高，创作的愿望也越来越强烈。我总能从我的朋友那儿得到'益处'，他们十之八九都是这样。"

每个人都是我们自身的一面镜子。从每个人身上，我们都能发现自己身上所存在的优点与不足。无论多么优秀的人，也不可能拥有所有的优点；而看上去十分乏味无趣的人，也必然会有一些长处。当我们看到他人的时候，若是能时时想到自己、反省自己，必然能让自己在不断的自省与打磨中变得越来越优秀。

反省是心灵镜鉴的拂拭，是精神的洗濯，它涵盖我们整个生命的全部内容。一个具备反省能力的人，一定是具有自我否定精神、能不断提高自己的人。任何非凡的成就，都不是随随便便就能取得的。无论是做人，还是创造作品，都不可能一开始就完美无缺。优秀的作品是在一次次的修正中呈现完美的，优秀的人则是在一次次的自省中不断进步的。

英国著名小说家狄更斯的作品非常出色，这一点世人皆知。但有一点很多人却不知道，狄更斯对自己有一个非常严格的规定：没有认真检查过的内容，绝不轻易读给公众听。每完成一部作品，狄更斯都会把写好的内容读一遍，每天都要从中发现一些问题，然后不断修正，直到数月之后，才会呈现在公众面前。

法国小说家巴尔扎克，相信大家也都耳熟能详，盛赞他为天才的大有人在。不可否认，巴尔扎克在文学创作方面的确比寻常大众更有天赋，但即便如此，他的作品同样也是经过千锤百炼之后才会呈现在读者面前的。一部作品，往往可能花费他数月甚至数年的时间才最终定稿。

想要进步，就得知道自己什么地方需要改进；想要成功，就得明白自己究竟为什么会失败。优秀都是在不断的打磨中一点点造就出来的，没有任何人是天生的成功者或优秀者。一个人必须懂得不断反省和总结自己，改正自己的错误，才不会老在原处打转或再次被同一块石头绊倒。

人就像钻石一样，没有天生的完美形状，必须不断打磨、修正，才能让自己变得越来越优秀。

06/ 人生就像天秤，越付出，越得到

几乎所有成长的机会，都与压力结伴而来。机遇与挑战并存，前途与压力同在。

一个人只要还没有堕落成一滩烂泥，还对人生抱有哪怕一丁点儿的希望，压力和挑战就会不请自来。压力不会找那些自甘堕落、得过且过、不思进取的人探讨人生，因为他们感受不到压力的存在，对他们施压，已经不存在任何意义。

那些被施压的人，都是因为他们被欣赏、被器重、没有被放弃，能够让别人看到发展的潜能。

夕阳西下，暮霭沉沉，他好不容易才得空休息一下。坐在那里，他心绪难平，为什么方丈总是对自己"另眼相待"？难道就因为自己是个没爹没妈的孩子吗？

他父母离世很早，自幼与兄长相依为命，11岁时随兄长入寺学经，可以说，他是在众僧人的照料下长大的。当然，天下没有白吃的米饭，他也要有所付出。每天，星辰还没完全退去，他就要起床劳作，先是担水、洒扫，做完早课后，还要去山外的镇子买回寺中一天所需的生活用品，回来后，还有很多杂活等着他。星辰升起，他仍不能休息，方丈要求他每天读经到深夜。就这样，年复一年，日复一日，伴随暮鼓晨钟，劳作于星来星去之间，他长成了仪表堂堂的青年。

那天，他得空与师兄弟们闲聊，才知道这个寺里最忙碌的就是自

己，别人都过得相对清闲。师兄弟们说，他们也会被派下山买东西，但一直都在山前的镇子。他知道，那个镇子离寺庙并不远，而且一路平坦，买的东西也大多比较轻便。可这十年来，方丈一直让自己去寺后的镇子，那可是要翻过两座山的路程，而且山路陡峭、崎岖难行，回来时还要肩负沉重的物品。他的心里顿时生出几分委屈与疑虑，这几天一直在胡思乱想。

现在，他终于按耐不住心中的疑问，迫切地想知道原因何在。他找到方丈，几分忐忑又有几分委屈地问道："方丈，为什么别人都比我轻松呢？为什么师兄弟们不用干重活、读佛经，而我却没有片刻清闲呢？"

"阿弥陀佛……"方丈长吟一声佛号，颔首而过。

第二天中午，当他扛着大包的物品从后山归来时，发现方丈正站在寺院后门等自己。方丈要他卸下负重，又将他引至前门，便坐在那里闭目参禅。他不知方丈有何用意，又不敢多问，只得静静地侍立一旁。

夕阳西下，庙前的路上出现几个师兄弟的身影，他们看到方丈坐在那里，都愣了一下。方丈睁开眼睛，问道："我一大早便吩咐你们去买盐，来去不过二十几里的路程，既没有坡要爬，也没有沟要下，怎么回来得这么晚呢？"

几个小和尚面面相觑，为首的师兄回答道："我们一路边走边聊，看到有趣的事情就停留片刻，累了就歇息一下，不知不觉就到这个时候，十年来，都是这个样子！"

方丈转头问他："后山镇子离咱们宝刹这么远，一路翻山越岭，甚是难走，你又扛了那么重的东西，为什么回来得反倒比他们早呢？"

他想了想，说："我必须早去早回，回来以后还有很多活等着我做，所以脚下不敢轻易停留。又因为肩上东西沉重，不得不小心翼翼，十年下来，越走越快，越走越稳。"

方丈不再说话，他似乎也明白了什么，从此以后再没有过委屈和抱怨。

他就是玄奘法师。后来，他一人独自西行五万里，历尽艰辛磨难，到达印度佛教中心那烂陀寺，取得真经。他不仅在中国家喻户晓，其影响甚至蔓延到日本、韩国乃至全世界。当年，方丈大师就是因为看出他是一个可造之材，才对他加紧锤炼，他果然不负所望。

被看重的人，才会被施压。当有人给你压力时，请相信他是善意的，说服自己不要逃避，洒脱地迎上去并化解它。

不要为多付出的那一点斤斤计较，你的潜能完全比你想象得要大。卓越者之所以卓越，正是因为他们除了做好分内之事外，还强迫自己做一些不同寻常的事情培养自己的能力，最终他们都得到了人们的关注。

07/ 该奋斗的年纪，千万不要选择安逸

我们经常听到这样的说法：

"人生在世，没有必要那么较真，活得安逸点，有什么不好？"

"我虽然拿的钱不多，但是工作稳定，而且平时比较清闲，不用整天忙碌不堪，多好啊！"

"我不想较劲了，还是找个办法让自己活得舒服点吧。"

......

每多一个说这样话的人，就少一个积极进取的人。

是啊，其实，我们每个人的内心深处都有一颗渴望安逸的心，自己不为衣食发愁，每天自由自在地做自己想做的事情，那样的生活多么美好。但世间没有绝对的安逸，所有的安逸都是假象，只是暂时的。当我们在安逸的环境待久了的时候，思维就会僵化，失去积极进取的勇气和决心，从而甘愿平庸和毫无作为。最可怕的是，安逸的生活会让我们失去应付突发状况的能力和心理准备，万一出现变故，对自己来说绝对是难以支撑的灾难。

君君是一个长相俊俏的美丽女子，毕业于一个不错的传媒学院。虽然她的能力不错，可却一心想要过安逸的生活，总是把这样的话放在嘴边："女人就应该找一个好老公，过舒舒服服的生活。事业、升职有什么用处，不还是辛苦自己？"最后，她在众多的追求者中选择了事业有成的老公王硕。

君君一毕业就结婚了，并且安心地做起家庭主妇，和老公过上你

负责在外打拼、我负责貌美如花的生活。王硕是一家公司的CEO，收入不菲，对君君也很好。每天，君君的生活就是逛街、看电视、买包、买化妆品，到了假日和王硕一起出去看电影、看话剧，日子过得相当安逸，没有一点烦恼。

可时间长了，君君开始疑神疑鬼，担心这样安逸的生活会因为王硕的出轨而改变，所以把王硕看得越来越紧。这让王硕很不自在，两个人渐渐产生距离。终于，这种敢怒不敢言的愤恨爆发了。一次，王硕带君君回老家见父母，因为她跟王硕说话，王硕没有理她而是只顾看手机，君君就开始抱怨对方不在乎自己，发了一番脾气，准备摔门就走。这时，年迈的母亲还不知道怎么回事儿，便赶紧去拉君君，却被君君无意地一甩，摔倒在地，尾骨粉碎性骨折，在医院治疗了很长时间。

这件事让王硕忍无可忍，最终拟定了离婚协议书，一定要跟君君离婚。这时候，君君才傻了眼，因为除了这个男人以外，自己几乎失去谋生的能力。她一毕业就结了婚，几乎没有进入职场，虽然学历不错，可是因为过了几年的安逸生活，几乎毫无能力可言。未来，究竟应该怎么生活，她一点把握也没有。这时，她才陷入恐慌和无助。

"怎样才能活得更安逸？"当一个人产生这种疑问时，就已经失去积极进取之心，预示着将来的生活必定遭遇不如意。如果你还年轻，就不要选择安逸，如果想要将来过惬意的生活，就不要思考"怎样才能活得更安逸"。它将消磨你前进的动力，消磨你的意志，让你陷入平庸。

不管是稳定的生活，还是安全的饭碗，都是存在人们脑海中美好的想象而已。安逸的生活虽然可以满足目前的舒适自由，可是舒服着，我们就会失去斗志、失去能力，危机就会随之而来。如果世界上所有的人都想着怎样才能过得更安逸，这个世界就不会出现那么多成功人士了。

人生没有彩排，每天都是现场直播，聪明的人不会在任何情况下失去斗志，他会不断告诉自己，不要为了追求过度的安逸而放弃追求梦想。

小龙和小华是同一所学校毕业的孩子，小龙的梦想是成为一名导演，而小华却想寻求类似公务员这样安逸的生活，然后娶妻生子。于是，两个年轻人怀着不同的人生态度，踏上了截然不同的人生征程。

小龙为了实现自己的梦想，拿着剧本跑遍无数家影视公司，经常拿着微薄的稿酬收入。小华也通过自己的努力，考上了公务员，过上了边喝茶边看报纸的生活。小龙的剧本越写越棒，最终成为多家公司的抢手货，小华却每天下班只知道骑着自行车回家，看看新闻、聊聊闲事。

当小龙终于实现自己的梦想，成为一位导演，拍出人生中第一部剧的时候，小华却面临机关改制，濒临下岗；当小龙在影视圈已经崭露头角，作品频频受到专业人士和观众喜爱的时候，小华却待在家里很长一段时间了，成了一个无所事事的待业者，甚至不知道未来在哪里。

有人问："如果有一天你们一无所有，你会担心害怕吗？"

小华回答说："会，这么多年除了喝茶、看报纸外，几乎什么也没学会。"

小龙却笑笑说："没关系，我还可以写作，不管走到哪儿，都可以依靠写作的功底养活，等待再次成功的机会。"

看完这样鲜明的对比，真是唏嘘不已！原本两个不相上下的人，却因为不同的选择过上了不同的生活，一个贪图安逸，一个追求梦想，最终人生给予他们的结果，也是那么公平。

安逸是一种毒，它时常会在你最脆弱的时候侵袭你的生活，在你还没有回过神的时候就毁灭你的理想，然后一点点地摧毁你的人生，让你在庸庸碌碌中不知所措。在最能奋斗的时候选择舒服的生活，也就意味着选择放弃自己，最终只能把自己置于不可知、不可靠的未来之中。

有些人即便过上舒适的生活，也会时常告诉自己不要太贪图安逸。很多成功人士在取得成功之后，都不忘记那段曾经异常艰苦的日子，更不是贪图眼前的安逸。正因为当时异常艰苦，自己才会那么努力奋斗；正因为生活在困境中，自己才会坚持不懈地朝着更美好的方向努力。

别期望自己的人生总是一帆风顺，更别期望安逸能够长久滋润一生，这是糖水罐罐中最不能相信的谎言。相信它的人，只能自己承担被欺骗的后果。只有保持一种勇往直前的状态，才能更大限度地激发一个人的内在潜能，从而使其更好地实现人生价值，取得更大的成绩。

08/ 没人能一步登天，唯有一点点地向前

饭要一口一口地吃，路要一步一步地走，这是常识。但是现实中，许多人总是羡慕那些成功人士，恨不能一日千里，结果总是事与愿违。无论做什么事情，都要有一个循序渐进的过程，质变的飞跃离不开量变的累积。不遵循客观规律，还没有练习好走步就想要跑，那肯定是要摔跟头的。

有人也许会问，循序渐进地做事，我们什么时候才能成功？其实，生活中那些取得较大成就的人，往往都是厚积薄发型的。他们坚持每天进步一点点——今天比昨天进步，明天比今天进步，持之以恒，坚持不懈，积少成多。

克林斯曼是德国足球队的主力前锋，他也是一直深受广大观众喜欢的球星之一，被称为"金色轰炸机"。当记者采访他是如何能够保持状态并一直取得成功时，他很感慨地说："我不是天赋异禀的球员，论天赋，我不如马拉多纳；论身体，我不如贝利。不过，这些都不重要，因为我有一颗上进的心。每次比赛后，我总会问自己还能踢得更好些吗？或是哪些地方是我的不足？"

相信一点：你能在现有的基础上做得更好。

事实上，不断进步的过程，就是一个不断提高自我、不断完善自己的过程。今天进步一点点，明天也进步一点点，脚踏实地地努力，不断地求取进步，始终如一地付出努力。在这一步一步前进的过程中，保持对待事情的耐心与执着，成功的道路才会走得稳健而坚固。

唐薇身材瘦小，貌不惊人，只是个大专生，却有幸在一家较有名气的外资企业任文员。刚进公司的那段日子是最难熬的，老板只把唐薇当成只会干杂事的小职员，不停地派些零七八碎的事情让她做，从来没有表扬过她。唐薇自知自己学历低、经验少，但不允许自己的人生这样"惨淡"，于是除了把工作做得周到、细致外，她不断学习，只要有空就认真翻阅琢磨自己所能见到的各种文件，并坚信："只要每天多学习一项业务，我就是好样的，有一点进步就是胜利。"

唐薇就这样不断地激励自己。一年后，她对公司的业务可以说了如指掌，自信心也强大起来，这为她进入良性工作循环状况做了坚实的准备。

唐薇的自信和专业，让老板刮目相看，不久就提拔她做了秘书，负责公司的日常事务。秘书工作需要协调各组资源，帮助老板处理很多问题，还有很多事情要学，这都是她之前没有接触过的，怎么办呢？于是，唐薇又报考了职业培训班，风雨不误，每天都会鼓励自己："今天我又学到了新知识，是好样的，会越来越棒的，相信自己的职场之路会越走越好。"

不积跬步，无以至千里；不积小流，无以成江海。

没有人能够一步登天，只有一点点地向前。

成功是一个无比漫长的过程，卓越者之所以成功，平庸者之所以失败，往往不仅是个人能力的高低，更在于耐心和坚持。要想成功，必须沉下心来一点点地做事。哪怕是1%的进步，也要肯定自己。不断地积累，才能使自己更强大；不断地进步，最后才会闪耀出惊人的能量。

这就是厚积薄发的妙处。

09/ 生活就是不断"归零+出发"

生命有太多的变数，而人生永远只有现场直播，所以人生轨迹总会有出现偏差的时候。这时候，我们是埋怨生活的不公，从此将错就错消沉下去，还是将错误抹去，重整旗鼓，从头再来呢？

答案显而易见，只有过不去的人，没有过不去的事。只要我们时常从思想、意识上给自己"归零"，从头再来，我们的人生还是可以精彩的。所以，一切归零是我们人生的第二次起跑线。

归零心态，也可以称为"空杯心态"，其含义富有哲理，即一个装满水的杯子很难接纳新东西，如果想获得某方面的进步，需要先把自己想象成"一个空着的杯子"，而不是一个装满水的杯子。

说起空杯心态，还有一个小故事：

很久以前，一个小有成就但心气颇高的年轻人，去一个寺庙拜访一位德高望重的老禅师。当老禅师接待他时，年轻人自认为各方面的造诣很深，言谈之间自然流露出对大师的傲慢无礼。

老禅师轻轻地笑了笑，但还是殷切地给年轻人倒茶水喝。可是在倒水时，杯子明明已经满了，老禅师依然不停地往里面倒水，结果水洒了一地。年轻人在一旁喊道："大师，杯子里的水已经满了，您为什么还要往里倒呢？"

老禅师由此说出禅机，"是啊，既然杯子已经满了，水怎么还能倒得进去呢？"禅师的言外之意是，既然你已经很有学问了，为什么还要到我这里来求教呢？

听罢，年轻人大悟，深刻认识到，大圆满还需要"空杯心态"。

"归零"看似一无所有，实际上却是一种更广阔的拥有，因为它赢得了可以无限发展的空间，正如一张白纸的最大优势就是空白，由人自由地去描绘，从而画出最新、最美的图画。

太过沉浸以往的成功、荣誉、辉煌、掌声或成绩时，必定会使人迷失自我。反之，太过牵涉昔日的失败、无能、平庸或污点，也会让人裹步不前。只有抱着归零的心态，才能够接受新的思想，开始新的生活。

曾经读过一个小故事，让人醍醐灌顶、豁然开朗。

禅师经过河边，看到一个哭泣要跳河的妇女，便问道："你年纪轻轻，为什么要跳河？"

"我，我被丈夫遗弃了。"妇女抽噎着回答。

"哦，"禅师继续问道，"你什么时候认识你丈夫的？"

"我是三年前认识他的，我们刚结婚一年，但是他找了别的女人，不要我了。我是那么地爱他，可他却说不爱我了。你说，我活着还有什么意思？"妇人伤心地哭诉道，说完就要跳河。

"等等，"禅师赶忙拉住妇女，问道，"那三年前没有遇见他的时候，你是怎么活的？"

妇女想了一下，回答道："没有认识他的时候，说实话，我生活得很好，很快乐。"

禅师轻轻一笑："是啊，三年前你活得很快乐，现在只是被命运之船送回了认识你男友前。你瞧，现在你又可以自由自在、无忧无虑了，为什么要让自己不快乐甚至舍弃生命呢？"

"是啊。"妇人终于笑了，轻松地离开了。

"归零"是一种积极的心态，是一次重新定位，查找自己的不足，不断完善自我，思想变得更加自信，思维变得更加活跃，行动变得更加谨慎，时刻保持以一种乐观的态度应对新一轮的机遇和挑战。

正如每逢冬天到来的时候，许多树木脱掉茂盛的"装束"变得光秃秃的，让人不免有些惋惜。然而，细想之后，你就会发现，它们是将自己暂时"归零"，是在积蓄能量，等待拥抱下一个灿烂的春天。

只有常给自己"归零"，暂时放下患得患失的浮躁，在吐故纳新之后轻装上阵，把昨天的失败和忧郁删除，将今天的成功和欣喜隐藏，才能焕发出蓬勃向上的朝气，迸发出勇往直前的拼劲，打造出无所不能的人生。

贝利是20世纪最伟大的足球明星之一，被尊称为"球王"。在二十多年的足球生涯中，他总共参加过1364场比赛，踢进1282个球，创造了一个队员在一场比赛中射进8个球的纪录。

贝利超凡的球技，不仅令亿万观众如痴如醉，而且常常使球场上的对手拍手称绝。在他个人进球记录满1000个时，有记者采访他时这样问道："在这1000个进球中，您认为自己哪个球踢得最好？"

贝利的回答耐人寻味，就像他的球艺一样精彩绝伦，他淡淡地回答道："下一个。"

正是用这种"归零"的办法，贝利一次次站在新的起跑线上，对未来充满憧憬和希望，创造了足球场上一个又一个的奇迹。不管是个人还是单位，我们都应该向贝利学习，时常给自己"归零"！

学会让自己时时归零的人，是时时与命运正面抗争的人。

当"归零"成为一种延续的常态、一个时刻要做的事情时，我们也就让生命具备了源源不断的生命力，在成功的道路上越走越远。

Chapter 5 / 一个人最大的体面，是倒下了，依旧保持优雅

人生中，谁躲得开失意，躲得开挫折？不能体面且有尊严地面对失意，成功又有什么意义？人生如戏，不仅要学会赢，更要学会优雅地输，如此才不会在人前失于体面，才会走向更好的开始。

01/ 抱怨是失败者常打的牌

现实生活中，不少人总是感叹时运不济，觉得命运对自己不公平，为什么别人可以顺风顺水，自己明明已经付出努力，却依然过不上想要的生活，甚至穷困潦倒、平庸无为。的确，世界在许多方面是不公平的，但有一点却很公平——你想要成为怎样的人，就要付出相应的努力。

然而，大多数人的生活悖论是——抱怨自己的出身，抱怨生活的不公，抱怨怀才不遇，却从来不抱怨自己的不努力。不甘心接受现实，却又不去改变；不甘愿逆来顺受，却又不去拼搏。还没有好好反抗一下，就已经举手投降，最后只能郁郁寡欢，带着无限哀怨继续困顿下去。

曾经看到过这样一个镜头：很多农民坐在田埂上，一边休息，一边聊天，还顺手把鞋脱下来，倒掉里面的沙子。鞋子里进了沙子，可想而知，干起活来多么费力，所以要倒掉。道理是一样的，如果生活是一双鞋，倘若这时心生抱怨，不就如同穿着放了沙子的鞋子行走吗？这个时候，如何才能健步如飞？

抱怨就等于往自己的鞋子放进沙子，它使你行路更难、旅途更累。正如法国作家伏尔泰所说："使你疲倦的不是远方的高山，而是鞋里的沙子。"抱怨之后，非但没有轻松、释怀，反而会使你的心情更加灰暗、抑郁、沉重。不住地抱怨，让自己越来越泄气，让别人听了也越来越心烦。

晓芳在一家连锁蛋糕企业做企划工作。由于公司举办的活动很多，这份工作让晓芳特别忙，她也会特别卖力地干活，起早贪黑。但每一次活动结束后，她一定会跟周围的人抱怨自己很辛苦，做了什么事，抱怨工资低等。本来领导对晓芳的能力挺认可的，但因为总是无意间听到她的抱怨，所以对她的印象大打折扣。就这样，晓芳的工资一直不见涨，她也一直抱怨着……

除了工作，晓芳每天任劳任怨地照顾全家人的起居饮食。她的老公是一个非常好的男人，工作认真踏实，每天准时上下班，还经常督促孩子们做功课。按理说，这样的好女人和好男人组成一个家庭，应该是世界上最幸福的了。可是，晓芳在家中也总是抱怨不停，经常喋喋不休地向老公大吐苦水，比如，抱怨有些同事凭什么晋升得比自己快，抱怨老公挣钱能力不如某某同事的老公等。结果，老公回家的时间越来越晚，越来越少。晓芳不知道问题到底出在哪里，委屈又伤心。

后来，晓芳又开始和朋友抱怨，无论大家在一起做什么，她都会喋喋不休地抱怨自己的工作和生活。起初，一个同学还经常安慰她，为她出主意，但她总是没完没了地抱怨，似乎无论什么时候，她都会有许多不开心的事。后来，大家只能默默地听着，该吃吃该喝喝，不做任何发言，因为该说的话已经说了，完全不知道该说什么。再后来，大家聚会的时候，都会考虑要不要叫晓芳，甚至见了她，都会故意躲开。就这样，晓芳不知不觉间变成一个孤家寡人。

生活不如意之事十有八九，也许你有足够的理由抱怨，但是为什么抱怨的人讨人嫌？

从表面上看，抱怨只是一种情绪发泄，不但于事无补，而且容易影响他人的心情。现代社会，每个成年人都有很大的压力，内心都渴求阳光，希望远离人性的阴暗面，而抱怨只能让人的心灵蒙上灰暗的颜色，使对方的心情变得糟糕，没有人喜欢这样的人。

从实质上看，抱怨是在掩盖无能的本质。能够解决事情的人，不会长时间地抱怨，有那个时间，他们会想尽办法攻克难关。只有那种无法战胜困难却又不愿意努力的人，才会没完没了地抱怨。当你用在抱怨上的时间和精力越多，你能够改变现状的能力就越弱，最后变成一个没用的人。

抱怨是失败者常打的牌，越抱怨，越失败。

静静地反思一下，为什么受伤的总是你？你抱怨自己被生活弄得支离破碎，抱怨你的生活七零八落，抱怨这个世界让人看不到未来，其实，一切原因只在于，你蒙上了自己的眼睛，那你还能找到方向吗？既然抱怨并不会解决问题，最好的方式，就应该是停止抱怨。

蒋飞是一个农村孩子，家境不好，为此他经常抱怨连连。直到有一天，妈妈对蒋飞说："蒋飞，我们不应该贫穷，你也不必要抱怨。我们的贫穷不是上天注定的，也不是运气不好，而是你爸爸从来没有产生过致富的愿望。我们的家庭中，任何人都没有产生过出人头地的想法。"

妈妈的一席话让蒋飞受益匪浅。他不再一味地抱怨，决定用自己的行动改变命运，彻底摆脱家庭贫穷的阴影。当时蒋飞只有十来岁，在"知识改变命运"的信念下，他开始用功读书、发愤图强。短短半年时间，他的成绩从班级三十几名提高至前十名。之后，他凭借优秀的成绩和表现，考入县重点中学、重点大学，大学毕业时顺利被一家企业录取，留在了大城市。

工作几年后，蒋飞想获得更大的成功、更好的未来，决定创业。身在大城市，举目无亲，没人支持，没人依靠，但是蒋飞没有抱怨，而是不断调查和了解市场，看看哪些商品最畅销，消费者习惯买什么样的商品。调查途中，他还结识了很多顾客，最终决定把电热器作为经营产品。

另一个阶段开始了，蒋飞挨家挨户地进行推销。其间，他吃了不少"闭门羹"，也受到很多谩骂和讽刺，但是他仍然没有抱怨，遇见问题就想着怎么解决，专心致志地做自己该做的那些事。就这样，公司发展得越来越好，家里的生活一天天改善。蒋飞改变了自己的家境和命运。

强者和弱者的分别正是在此。一个有勇气直面现实的人，才算是勇者，才会成为强者；一个只会抱怨的人，永远无法超越自己，更得不到理想中的成功。

02/ 任何改错都是进步的开始

谁能不犯点错？这句话其实有另外一种潜台词，即不犯错的人生是不存在的。在生活的道路上，我们每个人难免会犯下这样或那样的错误。当无意犯下错误时，你敢不敢承认，并且原谅自己呢？

我们的传统观念中，犯错是一件不成熟的行为，衡量一个人是否优秀的标准，就是看他犯的错误是否最少。事实是怎样呢？告诉你，或许不犯错是一条非常保险的成长之路，但是不可否认，这条路上挤满大量没有创造力的中庸之人，毫无乐趣和创造力，往往也是失败的。

不知你有没有听过这样一个故事：

一位从事化妆品实体营销的经理，想转行搞服装网络销售，他的秘书劝他说："现在，服装网络销售行业已经人满为患，许多实力雄厚的公司都觉得生存艰难，我们没有经验，贸然投入，不见得是好事。"经理拍拍胸膛，说："没经验怕什么？我刚从事这行时也没经验，还不是做下来了？"他执意转行。

一年后，因为缺乏竞争力，公司亏损累累，一些优秀员工眼见公司没有前途，就连按时发工资都有困难，纷纷跳槽到别的公司。这时，秘书又建议经理说："整个网络服务行业都不景气，如果从现在起退回到我们熟悉的化妆品行业，我们还有反败为胜的机会。"经理已经意识到自己的决策失误，但却不愿承认，坚持说："不景气是暂时的，只要熬过这段时间，情况一定会好转的。"

即便文秘再怎么劝说和分析，即便知道公司的财务状况已经很糟糕，经理也不愿意听从文秘的正确意见，他担心公司的员工笑话，便继续坚持原来的决策。结果，由于网络服装业竞争太激烈，这家公司一天也卖不了几件衣服，一年后公司负债累累，只好宣布倒闭。

承认自己错了，并不会带来多大损失；而一意孤行做错事，却会让自己严重受伤。这位经理两害相权取其"重"，这是害自己还是爱自己，一目了然。这就告诉我们：错误并不可怕，可怕的是不承认错误，不弥补错误，一错再错，这正是许多人一直不成功的原因之一。

犯错并不可怕，过失、错误就像困难，在人生路上总会出现，没有人能够保证一辈子不犯错。但怎样看待犯错这件事很重要，若是认为这是自己的能力，最终你将只懂得犯错；若是将它作为警戒，你以后绝不会犯相同的错误，这样一来，走向成功就变得容易一些。

一个聪明人会承认自己的错误，并纠正自己的错误，因为这是成功的前提。打个形象的比方，如果说人生是在大海上的一次航行，经验再丰富的船长也会不断地校准航行的方向，而校准航向的过程其实就是纠正错误的过程。纠正错误的过程中，你会发现：这就是前进，就是成长。

晋朝有位大将，名叫周处，因幼年丧父，年少时十分张扬轻狂，纵肆乡里。

在乡里，他恶名昭著，人人唯恐避之不及。一日，周处见乡里百姓个个面容凄苦，便问乡里长辈所谓何事？长辈叹说："乡里有三害，经常糟蹋百姓，你说我们能不苦吗？"

周处一听，有三害，豪气顿生，连忙追问是哪三害。长辈冷笑一声："一是南山额大虎，二是长桥水蛟龙，三是作恶多端、欺负百姓的恶人。"

周处哪里知道，长辈说的恶人就是他。做人做到与猛兽齐名，也是亘古未有。周处便自告奋勇要去铲除三害，他先是入山斩杀了猛虎，后又下河斩杀了蛟龙。斩杀蛟龙时，乡里一连三天没有他的消息，都以为周处已死，便互相庆贺。周处回来后，得知乡里百姓正在为他的"死"高兴，遂明白了长辈所说的恶人指的就是自己。

做人落得如此地步，周处哪还有脸面回乡。他便四处拜访名士，下定决心好好学习。他找到陆机、陆云两兄弟，以实情相告，哭诉着自己一定会痛改前非，表达出改正错误的诚意，但又怕自己年岁已大，学不出成就。

陆云就鼓励他："子曰：'朝闻道，夕死足矣。'你年纪轻轻，现在立个志向，以后何愁没有前途！"

也是周处为人好学、智根聪慧、他立定志向，勤奋好学，一年后就担任东观令、无难督。吴亡后，周处又被晋朝封为仕官。为人刚正不阿、不畏权贵的他，最终得罪奸臣，被派往西北讨伐氐羌叛乱，最后战死沙场，成就了一世英名。

周处是历史中的英雄，同时也是一个会犯错的凡人。如果他年少不曾犯错，虽然也可能取得成就，但绝不会有这样了不起的一生。对于人生，体验越深刻的人越能操控，只要懂得检讨、改正错误，最终一定会获得不小的收获。这正印证了一句话："错误可以拖累你，也可以成就你。"

无独有偶，这里还有一个类似的小故事：

明朝时，一位年过半百的财主喜得贵子，名唤天宝。因家大业大，天宝从小不愁生活，长大后变得游手好闲，到处结交狐朋狗友。财主怕天宝这样下去会败光家业，就请了考了半辈仍未中举的秀才教他读书以明事理。在先生的教授下，天宝似乎有些长进。可好景不长，财主与老婆不幸得病去世，天宝从此便无人再管。这时，天宝以前交往的那帮酒肉朋友又找上门来。天宝抵挡不住诱惑，故态复萌，整日花天酒地。也就两年有余，千万家产便被其一败而尽。

直到天宝饿得上街要饭，他才悔不当初。严冬的一天，天宝借书归来的路上，因一天未吃饭，两眼饿得直冒金星，一不留神，一跤摔倒，半天也没有再爬起来。恰巧此时，王员外路过，见冻僵的天宝手上还攥有一本书，怜爱之心泛滥，便让家人救醒天宝。之后，王员外让天宝教授自己女儿读书，谁知天宝生性难改，见王员外女儿腊梅长得如花似玉，便有心调戏她。后来，王员外编了个理由，交给天宝二十两银钱和一封信，嘱咐天宝到苏州找他表兄。天宝到了苏州，左找也找不到王员外表兄，右找也找不到信封上孔桥所在何处。眼看二十两银钱快要花光，天宝打开信一瞧，但见信上写有四句话：当年路旁一冻丐，今日竟敢戏腊梅；一孔桥边无表兄，花尽银钱不用回！天宝看完信，羞愤难当。本想一死了之，又转念一想：王员外非但救了自己的命，还保全了自己名声，又给了自己二十两银钱，自己这样一死了之，如何对得起王员外！

于是，天宝重振精神，白天帮人家打杂挣钱，晚上挑灯苦读。后来，朝廷开科招考，天宝进京应试，一举中得举人。于是，他连夜赶路，回去向王员外请罪。他原以为王员外会对自己冷眼相待，谁知王员外不仅原谅了他，还让他做了自己的乘龙快婿。天宝在王员外给自己的那封信末，添了四句："三年表兄未找成，恩人堂前还白银；浪子回头金不换，衣锦还乡做贤人。"

知错能改，善莫大焉，犯了错误而能改正，没有比这更好的事了，谁都会愿意给予这样的机会。为此，你应该相信："即使我有缺点，会犯错，但并不代表我一无是处。其他人很可能不会对我的错误介意，即使别人对我的错误无法容忍，也不代表我没有任何希望，只是说明我需要改正罢了。"

当做到这点时，你将会感觉到自由、快乐和轻松。

03/ 精神上的胜利者，往往笑到最后

这个世界上，没有任何一个人能够永远一帆风顺，有时候，人生中的各种不幸之事总会与我们不期而遇。此时，我们没有必要情绪低落，不妨学学阿Q精神，或许就能柳暗花明又一村。

阿Q是鲁迅先生于1921年在《晨报》副刊上发表的中篇小说《阿Q正传》的主人公，无论遇到多么不顺心的事，他总是有理由安慰自己。与人家打架吃了亏，他心里就想：我总算被儿子打了，现在世界真不像样，儿子居然打起老子来了；当他被拉去杀头时，他便觉得人生天地之间，大约本来也未免要杀头的……这样，阿Q"永远是得意的"。

在这里，我们将阿Q所使用的安慰法称为阿Q精神，也就是心理学上的自我解嘲。所谓自我解嘲，是指用言语或行动不失幽默地拿自己的失误、不足乃至生理缺陷来"开涮"，将其夸大、剖析，再巧妙地引申发挥、自圆其说，然后一笑置之。它的主要作用，一句话来说，就是精神上取得胜利。

在旁人眼里，刘俊珊是一个幸福的女人，有一个年轻有为的丈夫和一个活泼可爱的女儿。但是，令人没有想到的是，七年的婚姻却因为丈夫经不起婚外情的诱惑，说结束就结束了。刚离婚，刘俊珊整天躲在家里悲戚，晚上流泪失眠，白天萎靡不振，成天都似大祸临头一般。

直到有一天照镜子的时候，刘俊珊发现自己的眼角居然出现细

纹，头顶竟有少许黑发变白，她痛下决心，一定要改变自己。

她在一本日记本上写下了这样的文字：

"现在好了，我已没有管理你的义务和责任，不再操心你的臭袜子；不再告诉你酒后驾车的种种可能，更不会在晚饭后打电话催你早回……我的'多语症'突然不治而愈，面部表情充满阳光。"

"现在好了，我不再问你最想吃什么，不再问你喜欢我穿什么；不用浪费难得的假日等你回家团聚。我有了更多的逛街机会，想吃什么就吃什么，想做什么就做什么，会带着女儿去公园坐坐，去书店看书，去郊外爬山，行走于田间，我们多自由自在！"

"现在好了，我睡觉的时间多了，你晚上不在家的时候，我不用在床上胡思乱想你晚饭后去了哪里逍遥，不用担心你找不到钥匙，进不了家门，而等着你夜归，甚至硬熬到半夜，把自己整得面色憔悴。"

……

"离婚没有什么不好，这不是悲剧，而是另一种美丽的开始。我重新审视自己的价值，重新塑造自我，这像凤凰涅槃一样在欲火中获得重生。哼，多亏离婚了，要不然我什么时候才能享受到这种美好的生活呢？"

一夜之间，昔日的恩爱夫妻变成形同陌路的路人，任谁都无法坦然接受，但刘俊珊却像阿Q那样说"离婚没有什么不好"。她这是自我嘲讽，但我们不得不说，这实际上就是战胜了悲剧。

人生道路上，尤其是在社交场合，我们应像阿Q那样不断调整心理，学着主动避开那些意外之事。倘若你能做到这一点，就可以比较容易地在忧患中看到机会并取得成功。

被称为"百姓影帝"的葛优，常常有人在背后叫他"秃顶明星""光头影帝"，还有人直言不讳地说葛优的秃顶不好看。

在接受记者采访时，葛优曾因秃顶自嘲说："热闹的马路不长草，聪明的脑袋不长毛！大家看我的脑袋上没有毛，但是我聪明啊。就是因为我聪明才没长毛，要是长毛我比猴还精呢。"惹得众人哈哈大笑。

无独有偶，国家一级演员潘长江因160厘米的矮小个子经常受到别人嘲笑，有人就曾这样编排过潘长江，说他身高没有汽车底盘高，汽车迎面直冲过来想轧也轧不着，在路上行走安全系数极高。

但是，潘长江一点也不觉得憋屈，没有因为个子矮小而自怨自艾，而是自豪地说："雷锋同志个不大，可他的精神传天下；董存瑞个不高，关键能举炸药包。科学认为，凡是浓缩的都是精品。"

葛优和潘长江没有因为自身不足而自怨自艾，也没有因为自身缺点而刻意伪装，他们坦然地面对困境。这番妙趣横生的自嘲，不但没有让他们失去身边的朋友，相反还向众人展示了潇洒自信的态度，进而名望大增，可谓忧患中创造了机会。

是的！只有精神上的胜利者，才能笑到最后！当然，"阿Q精神"只能作为我们人生"短暂的策略"、临时摆脱不良心境的"权宜之计"、摆脱一时困境的"不得已的方法"，该前进的还得前进，该坚强的还得坚强，我们要勇敢增加自己的生命内涵，否则就成了自欺欺人……

04/ 假装快乐，也能变成真正的快乐

布兰达是巴黎话剧团最著名的喜剧演员，十几岁就可以将观众逗得捧腹大笑。当然，在生活中，他也是一位幽默开朗的人。

一位记者曾经看见他房间的盥洗镜旁放了一张与镜子等大的照片，上面就是布兰达一脸郁闷的样子。他告诉记者说："每天起床我都会先看一眼这张照片，告诉自己'没有人愿意欣赏你忧郁的模样'。照镜子的时候，我总是努力让自己的表情更快乐，这样别人才能知道我是一个快乐的人，而不是倒霉蛋。"

人们常说，"人生如戏"。绝大多数人的人生是一部正剧，有悲伤，也有喜悦，有甘甜，也有苦辣；一部分人的人生就是一幕悲剧，自寻苦恼，自怨自艾，最终只能悲惨收场；只有极少数人，把自己的人生看成一部喜剧。他们总是欢乐地面对生活，愿意相信生活是美好的。即便生活平淡，他们也不愿意让别人看到自己忧郁的脸，而是装出一副开心的样子，生活充满快乐和幸福。

不错，一张开心的脸，总是比忧郁的脸更让人愉悦。

你要知道，没有人愿意欣赏你忧郁的脸，因为它会瞬间让人感到不快乐。与其板着一张抑郁的脸，为什么不努力让自己高兴起来？布兰达每天总是对自己说："没有人愿意欣赏你忧郁的脸。"因为他知道这样不仅会让别人感到不快，更会让自己陷入不良的情绪。一旦这些情绪缠上自己，自己的生活就会彻底变得一团糟。

可是，生活中却很少有人像布兰达一样。很多人的脸上总是戴着

抑郁的表情，或许他们的事业遇到不顺利的事情，或许他们和恋人闹了矛盾……

李杰是上海一家IT公司的优秀销售员，本来有一份非常令人羡慕的工作。可是，他最近却突然辞职了，说需要一段时间改变自己。

对于李杰来说，每天早出晚归的生活让他喘不过气来，不停地奔波于公司和家之间。凭借出色的策划能力，他获得了公司的器重；凭借三寸不烂之舌，他拿下一个又一个单子。可是，越是忙碌，他的生活离快乐就越远。单子拿下了，下一个单子又等着他处理；工作忙碌了，女朋友却因此闹了别扭；事业有了起色，他却失去了努力的动力。这些问题让李杰烦恼不已，他的脸上总是戴着忧郁的表情。

于是，他决定改变自己，努力让自己脸上的忧郁一扫而光。所以，他开始重新思考自己的事业，规划自己人生。他想要让自己的生活变得更充实，而不是一睁眼就面对一连串的烦心事。

生活中，很多人像李杰一样，总是因为生活中的琐事而烦恼。他们为事业烦恼，为恋爱烦恼，为生活烦恼，久而久之，就陷入了忧郁。

这就是典型的自己和自己过不去。他们总是想办法把简单的问题弄复杂，将小困难无限地扩大，将小痛苦不断地加深……在这种负面心理的暗示下，他们的情绪开始变得越来越烦躁、抑郁，以至于影响到其他人，让其他人也跟着变得不快和烦躁，久而久之，形成一种恶性循环。

忧郁是人们常有的情绪，也是可怕的情绪。忧郁情绪困扰的人，不仅会影响自己的行动能力和自我调解能力，更会影响正常的生活和工作。只有努力让自己的表情丰富起来，不再板着一张忧郁的脸，才能彻底抛弃那些可怕的不良情绪，让生活重新变得快乐起来。

所以，如果你暂时无法改变自己的境遇，不妨通过行为来改善情绪。也就是说，接受这一切，然后把嘴角上扬，装出一副开心的样子，勇敢地面对它。

假装快乐，也许刚开始很像自我欺骗，有点勉强，但确实是一种快速调整情绪的好方法，可以使人们尽快脱离不良情绪。形成习惯以后，快乐就仿佛长在了身上，成为身体的一部分，你会努力挖掘事情积极的一面。当你坦然地看待所有的烦恼，将那些问题想开的时候，自然就舍弃了忧郁。

关于这一点，就连实用心理学顶尖大师威廉·詹姆斯也说："如果你不开心，那么能让你变得开心的唯一办法是开心地坐直身体，并装作很开心的样子说话及行动。"

不信？现在，你可以放松自己的肩膀，深吸一口气，再唱一首歌。如果不会唱，就吹口哨，不会吹口哨，就哼唱，让自己变得更开心一些。很快，你就会明白威廉·詹姆斯的意思——如果你的行为散发的是快乐，就不可能在心理上保持忧郁，体会到其中的真谛，再艰辛的生活也将充满快乐。

05/ 纵然颠沛流离，也要活得高贵

"一个男人，应该承受最差的，享受最好的。"

这是吉普早期的广告词，听起来很简单，却不容易做到。

期待事物的完好，希冀人生的顺达，大事小情一切如意，恐怕是每个人所渴望的。可是，老天就是喜欢跟我们开玩笑，总是时不时给我们点"颜色"瞧瞧，再美好的人生也有可能突然陷入困顿。此时，不少人会不可避免地悲观、消沉，甚至整天生活在忧郁和愤恨之中，以泪洗面。

难道因为一时的困顿，我们就否定生命中的一切吗？这是小孩子才有的情绪和行为。我们应该怎样？一个人无论经历了怎样的沧海桑田，都不该让岁月打败；无论经历怎样的千帆过尽，都不该让挫折摧毁心灵。

林徽因原是大家闺秀，过着富足而安稳的生活，但在战火硝烟里的抗日战争时期，她不得不和家人背乡离井，南下逃命。在颠沛流离的流亡途中，林徽因等人被日本侵略者一路追赶，几次险些丧生，几番辗转去了云南昆明，之后又到了四川的一个叫李庄的孤岛，历经风霜，病体支离，物资匮乏，生活苦难极了。这与她之前喝茶吟诗、谈天论地、端然度日的生活有着天壤之别。

有人以为这些会带走林徽因内心对美好情怀的所有梦想，以为她的思绪会枯竭，情怀会更改，可她没有沉陷于悲伤，亦无怨无悔，眼神依然纯净。

　　下雨的日子，未必都是感伤，林徽因会煮一壶闲茶，品味人生；月缺之时，也未必只是惆怅，她亦可以倚窗静坐，温柔地怀念远方的故人，还有心情采折一枝春花装扮花瓶，拾捡落叶夹进书扉。纵然历经颠沛，尝尽苦楚，她也没有被这个纷繁的俗世漂染成五颜六色，依旧还是那朵白莲，如梦似幻地植于世人心中。她还已然拾起笔，写下灵动的篇章："哪怕在幽冷的山泉底，仍要保留着那真。"

　　从上流社会走向烟火之地，林徽因纵然颠沛流离，也没有一蹶不振、怨天尤人，而是傲然坚挺如寒风中的青松。她面对困难生活的勇气和担当，令人动容。

　　不论世界多么糟糕，你自己的世界一定要精彩。

　　不管人心多么黑暗，你自己的内心一定要明亮。

　　不要用糟糕对待糟糕，不要用黑暗对付黑暗。

　　人生本就不易，你必须活得高贵，才能经受住世事刁难，去危就安，最终得偿所望。

　　生命有且只有一次，活出人人都羡慕的样子，才不辜负一生走这一程。

　　是的，你未必好运到含着金汤匙出生，也未必就有超强的赚钱头脑和工作能力。很多时候，你和大多数人一样，只是一个普普通通的工薪族。你需要每天工作8小时，甚至可能经常付出额外的时间加班；你每个月拼了命也只能赚几千块钱，却还背负着房贷、车贷——这就是你的生活。

　　但你必须认识到一点，即使暂时贫困，暂时低谷，没关系。人只有承受最差的，才能享受最好的。在贫困中寻找情调，在低谷中不失望，做到不为生活所累，不为现实所限，思想和生活，才能一天比一天更有层次。

他曾经是某市的副市长，政绩突出、前程灿烂，但因一场突发大火被免职。那年，他37岁。大家都为他惋惜，认为他会非常痛苦。亲朋好友四处求人，希望能够帮助他恢复原来的职位。谁想他却平静地回到乡村，心平气和地在自家小菜园上种菜、施肥、捉虫，过起平凡的生活。

离官退位后，他周围依然是一些显赫的人士、富翁、高官、大财团的董事长……但他与他们讨论的再也不是有关官场、名利等话题，更喜欢一个人走村串巷，向乡人讨教怎样才能照顾好自己的菜园，什么时节该播什么种子，哪种肥料污染最小等，同时收集一些民间陶器作为自己的爱好。

七八年的时间过去了，他一共收集了几十件民间珍宝，每件都价格不菲，成为令人羡慕的收藏大师，坐拥几千万的资产。面对人生的再次"发迹"，他依然非常平淡，不受外界的干扰，一心一意地鉴别陶器，一如既往地进行研究工作，坚持着自己的第二份事业。

人的一生会遇到许多事，有苦有甜，有好有坏，有起有落，你能淡然，便从容。

此时正在疲于奔命的你，不妨借鉴这股内在精神，平和地面对人生起伏，生活便自然会好起来，你也终将从内而外散发出贵气，在人群中闪闪发光。

06/ 只要跨出一步，便是广阔天地

微博上有一张转发颇多的图片，内容是：一个狭小的空间里，有类似油漆一样的液体在不停地流动，所以站着的人立足的空间越来越小，而画面中的人物不是跨出去，而是蜷缩在角落里……这些人明明只要跨出去，就能拥有更广阔的天地，为何偏偏要把自己逼到墙角呢？

想想我们自己，又何尝不是总犯类似的错误呢？当命运将我们抛入痛苦的困局时，我们往往不是想着走出去，而是把方向固定在墙角，在不幸面前不断退缩，逐渐让困境带来的伤痛一点点挤压自己可以立足的空间，直至逼得自己不再有立足之地，结果到头来落得遍体鳞伤。

真正困住我们的，不是痛苦，而是不愿走出痛苦的心。

经过两年多美好的恋爱，悦悦就要和男友冯伟结婚了。可是，不幸却在婚礼前一个月降临到他们身上。冯伟在一次自驾旅行中不甚将车开进路边的沟里，撞上了电线杆，失去了性命。这样的遭遇让悦悦痛不欲生，她觉得自己太不幸了，一时间觉得天都要坍塌了，终日以泪洗面。她看不到自己的未来，也不想去看。后来，她干脆辞掉工作，把自己关进房间，再也不与外界交流。

悦悦本来就是一个爱钻牛角尖的姑娘，这次打击让她更是一蹶不振。数日过去，她依然无法缓解过来，就这样，一直沉浸在痛苦的回忆里。悦悦的家人见她如此，都想方设法逗她开心，希望能帮她从痛苦中走出来。可是，一晃半年多过去了，家人能想到的办法都想了，悦悦的情绪却没有丝毫改善。

没多久，更让家人担心的事终于发生了。一天，悦悦悄无声息地离家出走。家人知道后，赶紧四处寻找，可是为时已晚，等找到她的时候，发现她抱着未婚夫的相片冲进滚滚车流，结束了自己年轻的生命。

悦悦的遭遇固然令人痛惜，但她的做法也令人感到愤怒。她选择结束自己的生命时，根本不曾考虑家人的感受。事实上，冷静地想一想，悦悦的痛苦真的有那么深吗？没有了未婚夫，她真的就活不下去了吗？那么，在遇到未婚夫之前的时光里，她又是怎么度过的呢？

这个世界上，没有谁是真的离了谁就活不了的，失去固然痛苦，但人生的意义局限在某个人或某件东西上。悦悦的绝望并非痛苦本身带来的，而是她不愿意走出痛苦，不断把自己逼到墙角，最终失去立足之地。

困境无法困住任何一个人，关键在于，你是否愿意走出痛苦，接受治愈。佛家有云："今日的执着，终会造就明日的后悔。"放下心中的执念，走出挡住我们前进的墙角，我们便总会有绝处逢生的机会。

一个在城里长大的男孩，利用暑假去乡下体验生活。他看到一头驴感到很有趣，于是就花了100美元买下那头驴。他和卖驴的农民商定好，等他离开乡下的时候再来把驴牵走。可是事不凑巧，等他来牵驴的时候，驴子居然在前一天晚上意外死了，而那100美元早就被农民花光了。

男孩略一沉思，他让农民把那头死了的驴给他。农民疑惑不解，但还是答应下来。

不久之后，农民进城卖粮食，遇到了买他驴的男孩，农民问他是怎么处置那头死了的驴的。男孩回答说："我把驴拉到热闹的集市上，举办了一场幸运抽奖活动，奖品就是那头死驴。我一共卖出500张彩票，每张2美元，总共卖了1000美元。"

农民倍感惊讶，他没想到这个男孩居然有这样的头脑。更让他没想到的是，多年后，这个男孩成为一家大公司的CEO。

如果你是故事中的男孩，花100美元买的驴死了，你会怎么样呢？和农民较真？或者让农民赔自己一头活驴？或者逼农民赔钱？不管你怎么做，道理的确都站在你这一边。可问题是，农民没有驴可赔，也没有钱可赔，就算你把他逼到绝路，他也不可能凭空给你变出来一头驴，于是，最终的结局只能是不欢而散，或者两败俱伤。

死驴已矣，再多的斥责与痛苦都无法挽回。男孩很清楚这一点，所以没有浪费时间和精力为自己鸣冤喊屈，而是迅速走出这一不幸的禁锢，站在更远更高的位置上，想出一个全新的、能扭转局面的方法，不仅没让自己吃亏，还大大赚了一笔，着实令人敬佩！

可见，命运从不会断绝任何人的出路，无论它以什么样的方式呈现给我们，必定都会留有一个出口。所以，当你感到前路无望的时候，不妨冷静下来想一想，究竟是真的无路可走，还是把自己逼到了墙角，以至于看不到跨出一步之后的广阔天地。

有些事情刚刚发生时，可能会让我们痛不欲生，但生命还很长，我们能够创造的快乐还很多；有些遭遇在刚刚发生时，可能让我们心意难平、夜不能寐，但日子久了，回过头来想想，那些委屈和不甘其实也就仅此而已。当你能够以一颗豁达之心面对命运时，你会发现，只要跨出一步，便是广阔天地。

07/ 越不幸的人，越要坚强

鲁迅先生塑造过许多有血有肉的人物，"祥林嫂"想必大家都耳熟能详。

祥林嫂是个苦命人，丈夫去世后，她在鲁镇当女工，后来被婆婆卖进山里，开始了她的第二次婚姻。没多久，第二个丈夫也死了，孩子又被狼叼走，她失魂落魄地回到鲁镇。

生活的不幸压垮了祥林嫂，她逢人便要诉说自己的不幸，把儿子被狼叼走的过程一次次说给镇上的每个人听。一开始，大家都同情她，为她的遭遇流泪，可日子久了，人们都像躲瘟神一样躲着她，完全不想再听她说话。她的不幸遭遇也成了别人口中的笑话。在人们的冷漠中，祥林嫂渐渐沦为乞丐，在一年的除夕夜，悲惨地走完自己的一生。

但凡读过祥林嫂故事的人，大概都不会忘记她那句"我真傻，真的"。人们同情她的境遇，可同时也对她避之不及。这不是因为社会太冷漠，也不是因为脆弱太可耻，而是人的怜悯是有限的，只会给予真正值得同情的人。若是自己不能疗愈，反而还将脆弱变成一种装饰，那就别怪有人嘲笑你了。

脆弱的人往往并非一开始就是脆弱的，他们或许也曾有所追求，却在追求的道路上遇到挫折、受到打击，甚至招来别人的嫉妒与恶意的阻挠。在这样的境遇下，有的人开始悲伤自怜，展现出自己的脆弱和可悲，甚至向别人示弱，希望获得别人的同情与帮助，好让自己走出人生困局。

可问题是，人生不如意十有八九，谁都有被生活压垮的时候，谁都有脆弱的时候。一时的脆弱或许能让你得到他人的同情和援助，但那些习惯展示脆弱，心甘情愿承认自己是弱者，甚至从未想过自强的人，有什么值得人同情和帮助的呢？这样的人，悲惨正是与之最相配的结局。

在这个世界上生存，谁还没有受伤的时候，又比谁好过得了多少？别人能活下去，你又有什么不可以？脆弱的一面不应该大喇喇展现给别人看，哪怕是你最亲近的人，恐怕也不愿成天面对以泪洗面的你。与其向所有人展示你的不幸，不如坚强一点，让所有人看到你的成功，为你的坚强与勇敢惊叹！

莎士比亚说："脆弱啊，你的名字是女人。"秦太太似乎印证了这一点。

秦太太曾是学校里数一数二的美女，知性的气质和乖巧的性格让男生心动不已。毕业后，她嫁给了大学时代的男朋友，在家做起全职太太。她以为，生活会像童话说的那样，"王子和公主从此过上了幸福的生活"。

婚后两年，秦太太发现自己已经沦落为黄脸婆，每天的工作就是打扫和煮饭，以及那些忙不完的家务。老公不愿意她抛头露面，但自己却有太多的朋友，秦太太甚至耳闻老公与公司的秘书过从甚密。她询问丈夫，得到的却只是丈夫粗暴的回答："别人说什么你就信什么？耳根子怎么这么软？"但是，在丈夫的态度中，她已经知道了答案。

有一天晚上，丈夫去"出差"，秦太太一个人坐在沙发上，一夜睡不着。她不明白为什么丈夫会这样对待她，生活要给她这么艰辛的考验，她不知道自己还能忍受多久，又该忍耐多久。无助的她，给自己大学时的好朋友打电话，大家一致告诉她："赶快出去工作！"

秦太太不是一个有主意的人，但还好她听人劝。她觉得大家说得没错，只要有一份好工作，即使离婚也不用担心，而且有自己的收入，就不必再做一个家庭的从属。秦太太很快找了一份工作，为此丈夫还和她大吵一架，闹到最后，两个人终于以离婚收场。

此后，她专注事业，很快就发挥出自己的才能。几年后，她已经有了自己的公司，有时候出入商务酒会，还能看到自己的前夫——他现在已经再婚，身边就是他当年的秘书。每当前夫看到优雅美丽的她，脸色都会闪过黯然，而她镇定自若地和他打着招呼，身后跟随着无数人爱慕和赞赏的目光……

现实是冷酷无情的，再楚楚动人的脆弱，也无法摧毁它坚实的心房。只懂哭泣与哀伤的脆弱者，注定只能坐以待毙、自暴自弃。就如同我见犹怜的林妹妹，最终的结局只能是香消玉殒。在这个时代，乞求怜悯的人注定生如浮萍，无所依从，永远走不出自己的悲剧。

脆弱是留给自己治愈的，而不是展示给别人看的。面对人生苦难，面对不幸遭遇，我们应该学会坚强，学会忍耐。唯有敢于向生活叫板的人，敢于向困境发起挑战的人，才能真正活出自己的精彩，拥有最后的鲜花和掌声。

08/ 以苦为乐，苦中求乐，其乐无穷

为什么有人会觉得生活很苦闷，那是因为他太将受苦当一回事了，也就是说，太看重了苦闷这种状态带给自己的影响。人们常说苦乐人生，人生中的苦难原本就无法避免，在遭遇苦楚的时候，我们要学会自己化解。

一位商人由于经营不善欠下一大笔债务，在得知他没有偿还能力的情况下，借债人纷纷前来讨债。巨大的压力之下，他的神经已经到了接近崩溃的边缘。无奈之下，他萌发了要结束自己生命的念头。

这时，苦闷至极的他想到大学时期的一个哥们儿。他们曾经相当要好，只是随着商人在社会上不断打拼，与朋友的联系变得越来越少，只是得知他在一个很偏僻的地方开了一家小农场。

于是，他历经辗转找到那个农场。当时，正值盛夏时节，农场里种植了一大片西瓜。朋友见他到来自然十分高兴，热情地摘了几个西瓜请他品尝。

对身边的事物好久都提不起兴趣的商人，吃过西瓜后对西瓜的味道赞叹不已，就顺口说了一句："种这些西瓜，应该很容易吧。"朋友笑着说："四月播种，五月锄草，六月除虫，七月守护……有一年，就在收获前，一场冰雹来袭，打碎了他的丰收梦；还有一年，正当西瓜花大量盛开的时候，一场洪水让这一切都泡汤了……"

商人听完后，联想到自己的遭遇，不由得感慨了一声："真不容易呀！"朋友笑着回答："其实，和老天爷打交道，吃一些苦头，是

再正常不过的事情。不经历风雨的西瓜，味道永远不是最甜的。"

商人若有所悟，一直紧锁的眉头舒展开来。回到城市，他咬紧牙关，将这次的不顺和困苦当作人生的一场考验，最终重新崛起，成为一名现代化企业的老板。

苦是人生的一种自然姿态，有苦才能知道甜是多么美妙。选择以苦为乐，用笑容来化解痛苦，是一种大智慧。

在人生的道路上，谁都有遇到苦难和挫折的时候，可你怎能以此就否定自己呢？你怎么知道自己不行，怎么知道自己不是干这个的"料材呢"？又是谁告诉你的呢？用以苦为乐的心态来面对苦楚，生活会给予人们别样的惊喜。

莎士比亚说："聪明的人永远不会坐在那里为他们的损失而哀叹，却用情感寻找办法弥补他们的损失。"

蒲松龄19岁那年初应童子试，最终以第一名的身份考中秀才。他的文章深受当时的山东学政愚山先生赏识。

但没过多久，蒲松龄一家便分家了，而且分得的又不是很公平。他的两个嫂嫂能打又能抢，而蒲松龄的妻子刘氏非常贤惠。无奈之下，蒲松龄开始自己长达45年之久的私塾教书生涯，而这种生活只能补贴自己的一些开销。到了30岁以后，因为父亲去世，蒲松龄还要赡养他的老母。他穷到什么程度呢？"家徒四壁妇愁贫。"

在这种苦闷的日子中，蒲松龄并没有唉声叹气，而是选择了另外一条可以缓解自己压力、展示文学才华的道路，那就是写鬼怪小说，这也就是我们熟知的《聊斋志异》。关于这本书的成书过程，有一个很有意思的传说，说蒲松龄为了写《聊斋志异》，在他家乡柳泉旁边摆茶摊，请过路人讲奇异的故事，讲完了回家加工，就成了《聊斋志异》。

　　这种说法是站不住脚的，鲁迅先生对此已经分析过了。蒲松龄一生穷苦，基本不太可能悠闲地摆摊请人喝茶。

　　但就是在这种生活中，蒲松龄并没有悲观，而是不管听到什么稀奇的事，他都收集起来。在这些稀奇古怪的故事中，蒲松龄找到了自己的快乐之道。

　　当不止一次的落榜让蒲松龄几乎失去科举信心时，他没有逃避，而是选择用鬼怪的笑容来化解冰冷的苦难，甚至能够苦中作乐。一位作家说过："命运总是喜欢让伟人的生活披上悲剧外衣，并且在他们前进的道路上设置重重障碍，以便让他们在追求真理的征途中锻炼得更加坚强。命运戏弄着这些伟大人物，但这是大有补偿的戏弄，因为艰苦的考验总会带来好处。"

　　人生总会有苦，苦终究无法避免。与其在苦难中一蹶不振，不如选择在苦难中微笑。微笑能融化心头的冰冷，让我们内心愉悦。在苦中作乐，把苦难当成一种经历，快乐地"享受"时，我们就会真的快乐，并找到一条辉煌的路。这个过程虽然有些慢，但挺过来就是胜利。

09/ 你可以穷，但不能认输

当你手中只剩下最后半杯水的时候，你会怎样？

悲观者可能会自暴自弃地哀叹："我的命运真是悲惨，手中只剩这最后的半杯水了！"

乐观者则可能会开怀高呼："我的运气可真好，原来还有半杯水呢！看来，一切都会渐渐好起来的。"

同样的半杯水，以不同的心态看待，却能收获完全不同的体会。无论你悲哀还是开怀，事实上都不能改变只剩半杯水的事实。但若你因此陷入悲哀，大概只能在自悲自怜中被消极的情绪所湮没，陷入抱怨和诅咒命运的怪圈；若你为此而欣喜，或许还能将这半杯水加些糖，让生活品尝到甘甜与可口。

同样一个人，同样一件事情，反应差别竟然如此巨大，真是耐人寻味。

现实中，有些人经常抱怨自己一穷二白。殊不知，一穷二白也是一种难得的财富，它让人产生改变命运的激情；一穷二白也是一种资本，让我们拥有了无牵挂、轻装上阵的心态。当环境把你逼到一穷二白的境地，不要怕，这是一种"恩宠"，实际上就相当于给了你一把挖掘宝藏的锄头。

一位富翁想找一个合格的继承者，便让三个儿子上山买一批货物。临出门前，富翁给大儿子一把伞，以防天气有变；给二儿子一根拐杖，告诉他山路不好走时可能用得上；而最小的儿子却什么也没有得到。小儿子不免伤心撅嘴，小声嘀咕说："我最小，本该受到最多的照顾，可您却这样对我……"

富翁早就看出小儿子的心理，却含笑不语，只让三个儿子赶紧上路。

傍晚时分，三个儿子纷纷归来，都背回了一大袋货物。但大儿子却被中午开始下的雨淋得浑身湿透，二儿子跌得满身是伤，唯独小儿子安然无恙。

富翁把三个人叫到一起，三人见面后对彼此的结局都感到颇为诧异，不禁说出各自的情况。拿伞的大儿子说："当天空开始飘起零星小雨时，我因为有伞，就大胆地在雨中走。可当雨下大的时候，我却没有地方躲，也腾不出手来撑伞，所以被淋得湿透了。但当我走在泥泞坎坷的路上时，我知道自己手里没有拐杖，所以走得非常仔细，专挑平稳的地方走，所以竟没摔一个跟头。"

接着，带着拐杖的二儿子说："当大雨来临的时候，我知道自己没带伞，所以尽量拣着那些能躲雨的地方走，身上自然也就没有被淋湿。但是，正因为自己带了拐杖，所以当走到沟沟坎坎的地方时便毫不在意，没想到竟常常摔倒。"

这时候，小儿子似乎明白父亲的用意，有些激动地说："我知道你们为什么拿伞的被淋湿、带拐杖的跌伤了，而我却安然无恙！当大雨来时我躲着走，路不好走的地方我便格外小心，所以既没淋湿也没有摔倒。"

富翁仍然像刚出发时一样，慈爱地看着小儿子，又转向大儿子和二儿子，对他们说："你们的失误就在于，你们有了自认为可以依赖的优势，便觉得少了忧患。"

不要再为自己的一穷二白而灰心叹气了。上天是公平的，它剥夺了我们的一切，也会为我们准备好意想不到的另一种"恩宠"。

人，最是不可自弃。既然我们无法改变事实，彷徨、痛苦又有什么意义呢？你应该拿出点骨气与自尊出来，无论处境多么糟糕，告诉自己："我的人生依旧有无限可能，不会一直穷下去。"哪怕事情已经陷入谷底，看起来没有一线生机，只要你不放弃、不认输，就会有柳暗花明的时候。

维克多是一个年轻的东欧人，为了实现父亲的愿望，他千里迢迢来到美国。当在终点站下机时，他却被拦了下来。原来他的祖国发生政变，他的护照和身份证件全失效了，同时他的签证也无法再使用。他不能坐飞机离开，也不能踏出机场大门。没有办法，他被扣在机场，等待新证件的办理。

身处异国他乡，举目无亲，维克多不禁感到迷茫。无奈之下，他只能睡在大厅的椅子上，在卫生间里洗澡。机场主管刁难他，清洁工挤兑他，就连路过的乘客也嘲笑他……情况简直不能更糟了。但维克多没有心灰意冷，他开始为乘客服务赚取小费，帮清洁工打扫卫生，给机场里的装修队帮工……

在机场的9个月里，维克多完全靠自己养活自己，而且将这个狭小的空间过成一个巨大的、丰富的世界，自得其乐。最终，他不但好好地生存了下来，还赢得了机场所有人的尊重。更令人意想不到的是，一位美丽的空姐爱上了他。最终，他在这个机场邂逅了美国的一切，也邂逅了属于他的幸福。

一个人可以穷，但是不能穷得一文不值。如果你不想坐以待毙，想改变当前境遇，就应该努力为自己的生活创造条件。你或许要付出比别人更多的努力和汗水，甚至可能穷尽一生，也无法取得令人满意的结果，但如果你早早选择弃权，悲观度日，终其一生，都将一无所有。

10/ 英雄也曾输过，只是他们不肯放弃

　　人这一辈子就像在跑一场全民马拉松，未必非得第一个冲线，但只要坚持到底就是一种成功。这种成功未必会给你带来财富，却是个人能力与品性的证明，证明你可以做好某件事，即使现在还没能做到最好。只要能坚持走过终点，无论你排名第几，都无愧是人生的胜利者。

　　如果在起点时你就因畏惧而放弃，无疑证明了你的懦弱与胆小；如果在中途因体力不济，或意志不够坚定而放弃，无疑你就是逃兵。

　　国外留学时，韩振曾被大学同学拉着一块参加汉堡市的全民马拉松大赛。到比赛现场之后，他惊讶地发现，参加全民马拉松的选手不只是年轻人，而是囊括了各个年龄段不同类别的人群，有生病的老人，也有跟在父母身后的孩子，优胜者的奖品并不丰富，但每个参赛者都兴致盎然。

　　随着裁判哨声的响起，成千上万的选手开始沿着街道长跑，韩振也跟在他们身后，跑过一座座建筑、一个个路口。他发现很多人在途中体力不支，速度慢了下来，但仍在继续坚持。等到韩振跑过终点线后，回头观察他身后的人，发现他们中的多数人已经开始走路，但仍然笑容满面。直到此刻，韩振才真正体会到，这场比赛，人们看重的是参与，是坚持，而不是结果和名次。

　　人们总习惯于给人生中的每件事情都定一个成败标准，有人以财富为标准，有人以荣誉为标准，但实际上，人生哪里是如此轻易就能判定的呢？获得滔天的财富，也不意味着人生就是成功的；赢得万世

景仰，也不意味着人生就是无悔的。每个人一生的成败，只有到生命尽头时，才能下定论。

人的一生中，最让人牵挂和遗憾的，往往不是失败，而是未曾有勇气尝试，或未曾坚持到底，看到最终结果的那些事情。

诚然，有些事情会因为种种客观压力而不得不被动放弃，但即便前途无望，即便命运已定，我们仍然不能消极以待、自甘堕落，而应当继续努力、尝试，尽心尽力地为自己一直以来的坚持画下一个完美的句点。很多时候，一个完美的句点，往往可能会给我们带来一个全新的开始。

一位作家在报纸上连载一部小说，刚开始的时候，反响很好，很多读者给他写信畅谈对小说的感觉。到了中途，作家感到后继无力，读者也不再留意这部作品，认为作家江郎才尽，有人给编辑写信，呼吁尽快结束连载，换成其他作家的作品。

编辑和作家有多年的合作关系，编辑很想给作家一个机会，就对作家说："我向社里争取了十天，这十天，你要把这个故事收尾，可以胡乱编一个结尾——因为已经没有人期待这个故事的结局了，也可以给这个不完美的故事画上一个完美的句号。"

作家本人早已对这部小说感到厌倦，听了编辑的话，勉强打起精神。是啊，就算它是一本不完美的小说，至少也要有个完美的句点，才不辜负自己从前的努力。那十天，作家殚精竭虑，不停地打草稿，反复与编辑修改讨论，定稿后又修改了无数次，才把小说刊登在报纸上。没想到，这个用心的结尾得到读者的追捧，他们纷纷表示看得意犹未尽，原本以为作家写不出什么东西，没想到他依然有想法、有后劲。在读者的强烈要求下，这部小说开始连载第二部，作家也突破往日的瓶颈，越写越好。

人生中，很多事情其实很有趣，你以为是开始，但却可能已经结束；而你以为是结束，却恰恰是另一个开始。当一件事情看似已经到了不得不放弃的时候，咬紧牙关，坚持画上一个完美的句点，或许你会发现，以为早已注定的结局，却慢慢发生质的变化。就像一颗不那么起眼的星星，如果它选择划破大气层，就会成为人人仰望的明星。

奇迹之所以称为奇迹，是因为它发生的概率非常小。但有一点可以肯定，那就是但凡有机会创造奇迹或看到奇迹的人，哪怕已经知道结局无望，却依然能够坚持到最后。

著名童话家安徒生曾经希望自己成为一个在丹麦有影响力的作家，所有人都认为这个只会编故事哄小孩的年轻人不会有出息，就连安徒生本人都充满了不安与自卑。但是，出于对孩子的热爱，他依然坚持写了一个又一个的童话。他死后，作品传遍世界各地，成为全世界儿童的共同财产，而他的名字早已走出丹麦这个小国，被全世界的孩子熟知。如果当时的他没能挡住压力，放弃执笔，我们今天将有多大的损失？

美国小说家欧·亨利写过一篇叫《最后一篇藤叶》的小说，小说中有一位终身潦倒的画家，为了鼓励一个生病的女孩，在风雨交加的夜晚把一篇藤叶画在墙壁上。女孩获得勇气，治好了疾病，这位画家在生命的最后也完成了最美的作品，给自己画了一个完美的句点。虽然这位画家最终还是走向死亡，但至少在人生的最后一刻，他给了自己一个满意的交代。

人生就是这么神奇，任何事情不走到结局的那一刻，你永远不知道会不会有变数发生。只要不放弃努力，坚持到底，哪怕真的到了最后一刻也不曾发生奇迹，但至少我们无怨无悔。每个坚持到最后的人，都不是失败者；哪怕伤痕累累，也依然走过终点的人，都值得佩戴胜利的勋章。

11/ 困顿了，加点希望做燃料

一个人在顺利的时候，往往能够按照自己的计划不断前行，但一旦遭遇不幸、身处困顿，便容易失去希望，消极地坐以待毙。当然，这其中也有人会尝试摆脱这种局面，但结果常常收效甚微。那些聪明人，往往利用这些困顿的时间认真地进行知识储备，在恰当的时机让自己再次拥有用武之地。

被日本人推崇为"经营之神"的著名企业家松下幸之助，曾经历过卧病在床、发不出薪资的窘境。他在《路是无限宽广》一书中回忆这段日子时，说道："只要我们本身具有开拓前途的热忱，从心灵深处拜各种事物为老师，虚心去学习的话，即便处境困顿，前途依旧是无可限量的。"

有这样一个男孩，在他出生的时候，恰逢抗战胜利。父母欣喜之下，给他取名为凌解放，谐音"临解放"，期盼祖国早日解放。

虽然名字取得不错，但男孩的人生却不如名字这般顺利。男孩实在算不得聪明，学习成绩糟糕得不行，一路跌跌撞撞，直到21岁才勉强高中毕业。毕业之后，男孩直接入伍参军，在山西大同当了一名工程兵。

那段日子非常艰苦，他每天都要沉到数百米的井下挖煤，脚上穿着长筒水靴，头上戴着矿工帽、矿灯，腰里再系一根绳子，在齐膝的黑水中摸爬滚打。每当听到脚下的黑水哗哗作响，抬头不见天日时，他都会从心底滋生出一种前所未有的悲凉，感觉自己的人生已然走到了谷底。

男孩不甘心自己一辈子就这么过了。他开始大量阅读书籍，只要是书，都拿过来阅读。甚至在没有其他书籍可看的情况下，他借来《辞海》，也津津有味地翻阅。书越看越多，他逐渐开始对古人产生兴趣。

男孩的语文功课并不怎么好，研读古文格外困难，但他并没有因此放弃。他利用业余时间，用铅笔把碑文拓下来，然后带回来潜心钻研。这些碑文晦涩难懂，书本上找不到，既无标点也没有注释，全靠自己用心琢磨。吃透了无数碑文之后，不知不觉中，他的古文水平已经突飞猛进，再回过头读《古文观止》等古籍时，就非常容易了。

后来转业到了地方，他开始研究《红楼梦》。正赶上那个时代《红楼梦》研究热，由于他史料基本功扎实，见解比较独到，很快就被吸收为全国红学会会员。在一次"红学"研讨会上，专家学者从《红楼梦》谈到曹雪芹，又谈到他的祖父曹寅，再联想起康熙皇帝，随即有人感叹，关于康熙皇帝的文学作品，国内至今仍是空白。言谈中，众人无不遗憾。说者无心，听者有意，他心里忽然冒出一个念头，决心写一部历史小说。

1986年，他以笔名"二月河"出版第一部长篇历史小说——《康熙大帝》。此后，他的创作就像迎春的二月河一样，喷薄而出。

毫无疑问，要是没有在部队时拼命自学的精神，就不可能有后来名满天下的"二月河"。对男孩来说，矿井下不见天日的黑暗，就是他人生的困顿时期。在那个时候，他无力改变自己的命运，无力掌控自己的未来。然而，他并未因此消极以待，而是不断为自己注入希望的"燃料"，让自己在困顿的日子里不断汲取知识和养分，拥有雄厚的资本。

人生中没有任何一次困顿是毫无价值的。在困顿中，也许看不到一时的光亮，但绝不能失去希望和梦想。希望是行动的燃料，人生陷入困顿之际，我们必须懂得为自己注入"燃料"，有不断提高自己的意识，不断地充实自己，这样才能在机会来临之时冲出困境，迎来崭新的人生。

不懂得给予自己希望的人，一旦陷入困顿，便只能不断沉沦。如果不能在困顿中积累储备，即便一时脱离了困顿，也不会有力量走得更远。

乔治的父亲辛曾是一名拳击手，多次获得过拳击比赛的冠军。但如今，他已年老体衰，只能卧病在床了。

有一天，父亲的精神状况不错，便把乔治叫到床前，给他讲述自己曾在一次比赛中所遇到的情形：那是一次拳击冠军的对抗赛，父亲的对手是一个人高马大的选手。父亲个子相当矮小，由于体型悬殊，父亲一直无法反击，反而不断被对方击倒，连牙齿也被打出了血。

中场休息时，父亲的教练鼓励他说："千万别怕，你一定能挺到第12局。等你撑到那个时候，你也就快要接近成功了。"

听了教练的鼓励，父亲也坚定地表示："我不怕，应付得过去！"

于是，满身是伤的他跌倒了又爬起来，爬起来后又被打倒，虽然一直没有反攻的机会，但他却咬紧牙关支撑到了第12局。

眼看第12局也要结束了，可父亲还是一次次从被打倒中站了起来，仿佛永远没有任何人能够将他打到一般。就在比赛即将结束之际，对手似乎有些愣神，乔治的父亲抓住这千载难逢的机会，倾尽全力给了对手一个反击。令人意想不到的事情发生了，一直处于优势地位的对手轰然倒下，全场响起雷鸣般的掌声。乔治的父亲就这样获得了职业生涯里的第一枚金牌。

"挺到第12局"，这就是乔治的父亲在陷入困顿之际给自己注入的"希望燃料"，正是这一力量的支撑，他一次次从倒下中站起，一次次在困顿中奋进，最终等到那个带他走向胜利女神的机会。

人生中从不存在迈不过去的坎儿，有的只是懒惰的脚步；也没有无法到达的成功，有的只是在困顿中自怨自艾。

所以，当困顿让生命逐渐丧失光彩的时候，请千万记得，没有希望，就给自己一些希望；没有动力，就给自己加点"燃料"，一点一滴，脚踏实地地储备力量。每天坚持"磨刀"，坚持自我更新，当你沉淀出惊人力量时，那是即将取得胜利的前兆。或许下一秒，你就能迎来一击制胜的可能。

12/ 活着，才是最生猛的反击

人的一生总会经历很多事情，也许我们的生活并不富裕，没有成功的事业，很多不幸的事情发生在我们身上。在这个变幻莫测的世界里，虽然人事无常，但我们依旧可以感受到人世间最深刻的幸福和快乐，因为我们还在呼吸，还活着。只要活着，我们就没有理由放弃。

生命是最珍贵和美好的，因为它只有一次，可是当我们处于平安的时候，却常常忽略了这一点。只有那些经历过生死考验的人，才能真正体会到这一点。

侯普在一家大公司有一份不错的工作，但他还是不幸福，不但要受上司的气，还要受同事的排挤，再加上妻子的唠叨、儿子的淘气等，这些事情常常让他伤心不已。他几乎痛恨周围所有人。一次机缘巧合之下，他报名参加了一个极具挑战性的游戏。这个游戏就是山洞求生，游戏规则是：一个人在山洞里面生活，除了每天给他提供5千克的水以外，别的什么也没有。游戏的时间为连续5个昼夜。

第一天，侯普感觉游戏很刺激，很好玩。

到了第二天，因为山洞里没有光和火，所以在里面什么也看不见，孤独和恐惧充满整个山洞。这个时候，侯普开始回忆起以前的生活。想起母亲从老家不远千里赶来，只为了看看生病的小孙子；想起相伴多年的妻子为自己做的饭；想起儿子淘气时可爱的样子；他还想起一位曾与自己发生过争执的同事，后来为自己买过的一份工作餐……慢慢地，他开始反思平日的生活。

第三天，侯普几乎快要坚持不住了，不过当他想到世间的美好，心中便充满光明。

就这样，五天终于过去了。当阳光照射进来的那一刻，侯普看见：白云在蓝天上自由地飘动着，下面是青山绿水，中间还有鸟语花香，于是脸上出现久违的笑容。

这世上，还有什么比活着更幸福呢？一个人可以笑着、哭着、吃着、睡着，真真实实地感受生命的流动时，你的存在就是一种幸福。虽然很多事情不是我们所能左右的，不过只要我们拥有鲜活的生命，就代表还有追求幸福的资本和契机，还有改变命运的机会和可能。

人生没有彩排，每天都是现场直播。人最大的财富应该是"生命"，就像电影《怪物史莱克》中演的那样，如果把一个人出生的那天抹去，恐怕就不会存在"金钱""权力""感情"这样或那样的种种纠结，没有存在过，也谈不上发生过。既然如此，又何必纠结于种种不如意呢？

第二次世界大战期间，一名士兵在一次战役中被炮弹击中，腿部流了很多血，他和一些同样在战场上受伤的士兵被送到医院。医院里，伤员们的脸上写满颓废和恐惧，他们每天都处在忧虑和痛苦中。

经过医院的紧急抢救，该士兵脱离危险，最终苏醒了过来。只不过，他的左腿被截肢了，永远也不会再长出一条左腿了。截肢的疼痛时常折磨着他，而且他要承受自己已经是残疾人的精神压力，但他看起来一点也不悲伤，脸上反而洋溢着幸福的气息。

对此，其他士兵很是不解。

该士兵解释道："我失去了一条腿，不能再在战场上奋勇杀敌，而且下半辈子要拄着拐杖或者坐着轮椅生活，这是令人痛苦的事情。不过，我还活着，这对我来说就是最大的幸福！我还可以吃饭，还可以喝水，还可以看到高远的天空和人间的景象，还可以和别人握手，感觉到人体的温暖和无声的爱……"

"我还活着，这对我来说就是最大的幸福"，多么好的一句话！

活着，是对生命价值与意义的最好诠释。生命在，我们可以看花开花落、云卷云舒，可以听潮起潮落、甜言蜜语，可以体味幸福……

当面临生活中繁杂的纠葛、苦痛、伤害、低迷等问题时，如果我们能够多和自己说"幸好，我还活着"，相信就会对生命有一个全新的概念，发现那些事情其实微不足道，不值得操心，进而满怀对生命的感激之情。抓住生活中的每一瞬间，揽尽人生百态，品尝五味杂陈，生命的价值便得以显现。

Chapter 6/ 真正局限你的，
不是其他，而是思维方式

　　同样是一生，为何有人辉煌灿烂，而有人却黯淡无光？人与人的差别到底在哪儿？无数事例证明，这并非天赋决定，也非出身使然，而是思维模式所致。一个人的行为，一个人的一生，其实就是各种思维的衔接和延伸。思维转变一小步，人生将改变一大步。

01/ 这个世界上，唯一不变的就是改变

鲁鱼是世界上适应性最强的动物，全身只有软骨，没有一块坚硬的骨头。在海里来回游走时，不论生存环境如何，它会根据水温随时随地自我调适，永不停息。正因为这种适应性，它在地球上已经生存了一万五千年之久。"适者生存，不适者淘汰"，这是自然和社会对待变化的"潜规则"。

一样的道理，我们不能改变所处的环境时，就不妨改变自己。世界不在我们的掌握之中，但命运却掌握在自己手中。当遭遇不如意之事时，如果我们总是抱怨客观因素不尽如人意，总是想如何改造环境，而自己完全像没事人似的，主观上不作为，迟早会被淘汰。

一个人处于什么样的环境，通常是自己无法决定，而又难以改变的。我们能做的，就是改变自己固有的心态、思维和行为，适应环境。

我们先来分享一个小故事：

很久以前，在非洲的一个国家，人们都不穿鞋，是赤着脚走路的。

有一位国君到某个偏僻的乡间旅行，因为路面崎岖不平，有很多碎石头，刺得他的脚又痛又麻。国君回到王宫后，随即下了一道命令，要将国内的所有道路都铺上一层牛皮。他也认为这是一件利国利民的好事，不只是为了自己，还可造福他的子民，这样人们走路时就不再受刺痛之苦了。

可是国土辽阔，就算杀光全国的牛，也筹措不到足够的皮革，而所花费的金钱、动用的人力，更是不计其数。人们尽管知道这个事情不但难以做到，而且还相当愚蠢，可谁也不敢违抗国君的命令，只能摇头叹息。

后来，一位聪明的仆人想出一个办法，他大胆向国君提出谏言：“国君，为什么你要劳师动众，牺牲那么多头牛，花费那么多金钱呢？您何不用两小片牛皮包住您的脚？这样不是也可以保护好脚部吗？”

国君采纳了这个建议，一试果然有效又简单，鞋子就这样发明出来了。

俗话说：“穷则变，变则通。”变通的目的是为了摆脱现在的困境，以达到理想目标。改变自己来适应环境，你会发现路还是原来的路，境遇还是原来的境遇，但路和境遇所给予我们的感受截然不同。我们的选择变得多样而灵活起来，有一种“柳暗花明又一村”的感觉。

还记得那个牧师、男孩、地图与世界的故事吗？

一个星期六的早晨，牧师正在准备第二天的布道。他的妻子有事出去了，小儿子在家哭闹不休，严重扰乱了他的思路。心烦意乱中，牧师随手拿起一幅色彩鲜艳的世界地图，把它撕碎并且丢在地上，对他的儿子说：“小约翰，你如果能把这些碎片拼起来，我就给你2角5分钱。”

在牧师看来，把那些杂乱无章的碎片拼起来会花掉约翰一个上午的时间，但没过10分钟，约翰就来敲他的房门。牧师看到约翰如此之快地拼好了一幅世界地图，十分惊奇：“孩子，你是怎样成功的呢？”

"这很容易，"约翰慢腾腾地说，"地图的反面有一个人的照片，我试着把这个人的照片拼到一起，然后把它翻过来。我想，如果这个人是拼对了的，这个世界地图也就拼对了。"

牧师微笑起来，他一边爽快地付给他儿子2角5分钱，一边高兴地说："儿子，谢谢你，你启发了我！明天的布道，我知道该讲些什么了——如果一个人是正确的，他的世界也就是正确的。"

如果我们自己是正确的，这个世界就是正确的。换一句话说，当这个世界看起来很不尽如人意的时候，很有可能是因为你是错的。做出积极乐观的改变，只要自己改变了，世界将会变个模样，人生会是另一番景象。

特别是在世界日新月异、一日千里的新经济时代，变化无时无刻不在发生。我们只有不断地改变自己，才能随时应对世界的巨变，这也是取得发展、获得成功的明智之选！

美芳原本是一个生性羞涩、只想过安稳日子的小女人，她很少出入各种商业聚会。然而，丈夫的工作突然遇到变故，使家庭陷入捉襟见肘、寅吃卯粮的赤贫状态，这让美芳下定决心改变自己的人生。"如果我改变一下自己，去做一份力所能及的工作，是不是也能改变现在的生活？谁说我生性羞涩，勇敢一点，我应该会做得很好！"就这样，美芳告别了"全职太太"的身份，重新踏入职场。

30岁的美芳，觉得自己各方面的思想、能力跟不上当前职场的发展，便利用业余时间重新返回校园，先后拿到政治、历史学士学位。她的知识不断增长，内在的修养、气质也得到极大提升，说话干脆，做事利索，很有职业女性范儿。一次偶然的机会，美芳进入所在地的市电视台，成为一名初级广告销售代表。

这份工作与美芳的专业并不吻合，但她没有退缩，知道在竞争如此惨烈的情况下，要想生存下去必须做出改变。在接下来的日子里，美芳努力用营销理论武装自己，并且硬着头皮拜访不同的客户。她努力改变自己的内向性格，热情洋溢、积极主动地面对顾客。渐渐地，美芳成了众人眼中能说会道的人。当然，她的改变使事业收获颇丰，业绩蒸蒸日上。

世界上，并不只有你一个人，地球也不只是为你而转，不可能所有事情都按照你的意愿发展。埋怨环境，我们可以找一百个理由，但环境不会因此发生百分之一的变化。可是改变自己，只要今天去做，明天就会发现自己身上已经发生了翻天覆地的变化。所以，改变自己，才会有新世界。

托尔斯泰说过："这个世界上有两种人，一种是观望者，另一种是行动者。大多数人都很想改变这个世界，但是却没有想要改变自己。"处于什么样的环境并不重要，重要的是你的思维、你的选择。一切的成就，都是从正确的思维开始的。一连串的失败，也都是从错误的思维开始的。

请记住，英国圣公会主教墓碑上的这段话：

当我年轻自由的时候，我的想象力没有任何局限，我梦想改变这个世界。

当我渐渐成熟明智的时候，我发现这个世界是不可能改变的，于是我将眼光放得短浅了一些，那就只改变我的国家吧！

但是我的国家似乎也是我无法改变的。

当我到了迟暮之年，抱着最后一丝努力的希望，我决定只改变我的家庭、我亲近的人——但是，唉！他们根本不接受改变。

现在，在我临终之际，我才突然意识到：

如果起初我想着改变自己，那么接着我就可以依次改变我的家人。然后，在他们的激发和鼓励下，我也许就能改变我的国家。再接下来，谁又知道呢，也许我连整个世界都可以改变⋯⋯

　　当我们在为生活或境遇烦恼苦闷到极点时，如果不能改变环境，就改变自己。这不是一句空洞的口号，更不是立竿见影的事情，需要个人付诸行动并为之不懈努力。比如，不断学习新的知识，摒弃陈旧腐化的观念。主动认识未知的新事物或新产品，不断使自己与当前的时代接轨等。

02/ 换一个角度，"难题"不再难

　　人总是要与问题为伍的。从呱呱坠地到盖棺定论，从衣食住行到定国安邦，从平民百姓到公子王孙，在人生这一个现场直播过程中，我们每个人都会遇到各种各样、大大小小的生活难题。活着，就是不断处理各种问题，而这些问题经常将我们置于忧患之中，令人手足无措。

　　这个时候，如果我们总是经年累月地按照一种既定的模式生活，惯用常规的思维方式，就会很容易陷入旧的思维模式，在问题面前无所作为，甚至碰得头破血流，自然也就不可能取得多大成功。

　　一位心理学家说过："只会使用锤子的人，总是把一切问题都看成钉子。"就好像卓别林主演的《摩登时代》里的主人公一样，由于他的工作是一天到晚拧螺丝帽，所以一切和螺丝帽相像的东西，他都会不由自主地用扳手去拧。

　　科学家曾经进行了这样一项实验：他们将六只蜜蜂和六只苍蝇分别装在两个一模一样的玻璃瓶中，然后将瓶子平放，瓶底朝着窗户。实验结果是：几分钟后，蜜蜂们或累死或饿死。而苍蝇则穿过另一端的瓶颈全部逃跑。

　　这是为什么呢？原来，蜜蜂喜爱光亮，它们以为出口必然在光线最明亮的地方，于是不停地在较亮的瓶底上找出口，重复这种合乎逻辑的行动，直到力竭身亡。而那些头脑简单，对事物的逻辑关系毫不留意的苍蝇们，全然不顾亮光的吸引，四下乱飞，结果误打误撞地找

到下面的出口，获得了自由和新生。

这个实验告诉我们：有些事情看似令人手足无措，但只要我们高瞻远瞩，能够尽快摒弃以往的工作经验和思维模式，转换思维方法，问题便可迎刃而解，让生活出现新的转机。

面对各种难以解决的问题时，我们要相信在忧患中隐藏着机会。这就需要我们不要总想着如何正面地克服障碍、解决问题，而是让思维在一定时间内适当地转换一下角度，从侧面创造性地思考问题，进而获得柳暗花明的改变。正如我国古代的军事圣书《孙子兵法》所云："先知迂直之计者胜。"

尤其在竞争激烈的现代社会，成功不是硬拼硬，而是创造性思维的结果。每个人都渴望成功，唯有在充分认识当前局势的基础上，高瞻远瞩，打破常规思维，才能使生活出现新转机，可谓"运筹于帷幄之中，决胜于千里之外"。

一家著名的公司准备招聘一名广告师，苏女士经过重重激烈的比拼，和一位男士进入最后环节。苏女士很珍惜这次机会，并为此做足准备。出人意料的是，面试官并没有提多少问题，而是发了一套白色制服和一个黑色公文包，然后说："请换上公司的制服，带上公文包，五分钟后再来面试。提醒你们，制服上有一小块黑污，而我们要求员工必须着装整洁，怎样对付那个小污点，就是考题。"

那位男士立即飞奔到洗手间，用水开始清洗那块污点，苏女士却认为问题没有那么简单。五分钟马上过去，男士将制服上的污点洗没了，但前襟处被浸湿了一大片，而且看起来皱皱巴巴。当他看到苏女士身上的制服仍然有污点时，觉得自己这次赢定了，但结果是苏女士被聘用了。"为什么？"他不甘心地追问苏女士原因，"制服上的污点，你连洗都没洗，为什么面试官却选了你？"

苏女士微笑着回答道："你为什么要浪费时间和精力清洗那块污渍呢？别忘了，他们还给我们提供了一只黑色公文包，你大可把它放在前襟上，直接遮住那块污渍。"

能够把人限制住的，只有人自己，即人的常规思维。

同一个问题，每个人的处理方法都不同，那是因为我们每个人的思维角度不一样。一些看似难以解决甚至完全无法做到的事情，如果打破常规思维，则会迎刃而解。

这个故事又一次验证：我们常常因人生陷于忧患之中而抱怨不已，除了竭尽全力想打开锁住前方大门的问题外，却从来没有想过换一种方法。其实，我们尽可以绕行、爬墙，甚至想办法把锁撬开。换一下角度，发挥创新思维，在迈出困境的同时，你会发现一切都没有想象得那么难。

人生是现场直播，生活一直在路上，并且无法逆转。但当你开始尝试着创造性地思考问题时，四面八方都是出路。当一个人的想法无限时，人生也就充满了无限可能。

03/ 你的问题在于，一切都想当然

很多与成功无缘的人，往往不是因为欠缺能力或机会，而是败给了自己的"想当然"。普遍来说，人的年纪越大，往往对新事物的接受能力就越差，而这种"差"通常不是智力或者反应上的问题，而是一种心态问题，他们从心理上拒绝接受新的东西，包括新的观念、新的物件、新的明星……

这也就是为什么人们通常会认为，人成长到一定年纪后，往往就"定型"了，而孩子年纪越小，通常越有可塑性。

这种"想当然"的固执相当可怕，它就像一个牢笼，把我们的思维和想法囚禁在一个固定的区域内，当我们被这种"想当然"左右时，往往会变得非常固执，对区域外的东西全都视而不见。就像坐井观天的那只青蛙，井口就是囚禁了它思维与想法的固有观念，以至于它的眼中除了井口大的天之外，再也无法看见其他东西。

关键是，你想当然认为的东西，往往未必就是对的。

一天，小钱买了一箱梨，发现里头有几个不太新鲜，有的地方大概磕碰到，已经有些烂了。他想，新鲜的好梨可以多放几天，但不太新鲜的烂梨再不吃就坏了，于是就把烂的梨先挑出来吃掉。之后，他每天都会先把不新鲜的烂梨挑出来吃，最后吃了一整箱烂梨。

小唐是个年轻女工，家里有三只水瓶，儿时贫困的生活养成她勤劳节俭的习惯，只要家里哪个水瓶没水了，她马上就去烧水，把空着的水瓶注满。她家一年四季从没断过开水，可一年到头却都在喝凉水。这是怎么回事呢？

原来，家人每次倒水的时候，小唐都会提醒他们说："先紧着之前烧的喝，这是自家用电烧的水，凉了倒掉也不可惜。"家人听了她的话，觉得好像挺有道理，于是都去倒凉水喝。就这样，小唐家天天烧开水，天天喝凉水。

小钱和小唐的思维模式其实很好理解。小钱认为，这梨已经开始坏了，如果不赶紧吃掉，就会坏得更厉害，这样不就要把整个梨都浪费了吗？所以，为了避免浪费，赶紧在能吃的时候先把烂梨吃了；小唐和小钱一样，想着水再不喝就彻底凉了，那不是白烧了吗？所以，不能让水白烧，就得赶紧把先烧的水喝掉。

事实证明，他们的想当然看上去似乎没有问题，但其实大有问题。小钱为了保住烂梨，却把好梨都放烂了；小唐为了保住快凉的水，则把开水都给放凉了。原本试图节省的二人，却在无形中造成更多的浪费，最可怕的是，只要这种固有的思维仍然存在，他们的浪费就会一直持续下去，自己也可能始终都无法发现问题所在。

很多时候，我们之所以被困于固有的思维和观念，并不是因为没有机会接触到新的观念或想法，而是因为内心的固执，让我们不肯抛弃旧的思维和观念。这种想法其实并不难理解，对人们来说，已经形成的固有思维和观念可能在很长一段时间内都是他们做人做事的准则，放弃这种准则，无异于否定曾经的自己，承认自己曾经是错误、失败的。人往往最怕的，就是承认自己的错误与失败。这也是为什么，无论在哪一领域，总会存在固执的守旧者，甚至不惜一切代价也要捍卫腐朽、陈旧的过时想法。

我们来看看下面这个故事：

一位大学教授来到一个落后的小乡村游玩，他雇了当地村民的一艘小船。当小船开动后，这位教授问船夫说："你会数学吗？"

船夫愣了愣，回答道："先生，我不会。"

教授接着又问船夫："你会物理吗？"

船夫说道："物理？我也不会。"

教授还不死心，继续问船夫："你会用电脑吗？"

船夫回答："先生，我不会电脑。"

听了船夫的话，教授摇了摇头，对船夫说道："你不会数学，你的人生目的已失去三分之一；不会物理，你的人生目的又失去六分之一；你不会用电脑，人生目的又失去六分之一。也就是说，你的人生目的总共失去三分之二，你只拥有三分之一……"

教授正说到这里的时候，忽然天空中飘来大片黑云，紧接着刮来强风。

眼看暴风雨就要到来，小船摇晃得厉害，这时候船夫问教授："先生，你会游泳吗？"

这时候轮到教授发愣了，他答道："不会，我没学过。"

船夫摇摇头说道："那你人生的目的，快要全部失去了……"

这个故事很有意思。教授是数理方面的专家，便认为数学、物理和电脑是最重要的，如果不了解这些东西，人生就没有了意义。可是，对于船夫而言，精通数学、物理和电脑有什么意义？这些又不能帮自己多拉几个客人、多赚一些钱，还是在紧要关头具备"活下去"的能力更重要。

现实生活中，像教授这样的人很多，总喜欢用自己的标准衡量别人。自己觉得赚钱是人生的唯一意义，就鄙视一切不以赚钱为目的而活的人；自己向往名牌，就觉得那些不想要名牌的人都没有品位；自己是个工作狂，就见不得别人享受假期、享受生活……

　　客观地说，人与人之间的确存在共同性，有一些相同的欲望和要求。因此，很多时候，以己度人并没有什么问题。但不要忘了，人与人除了共性外，也存在特性。因为差异的存在，往往会导致我们对他人的推测出错，以至于造成无法弥补、无法逆转的损失，后悔都来不及。

　　固执地以为世界是你想象中的样子，固执地以为事情会按照你所预料的发展，固执地觉得别人就是你揣测中的模样……当你对一切都想当然的时候，无异于将自己的人生禁锢在一个狭小而偏颇的"井"里。你以为已经看到整片天空的模样，殊不知，在井口大的天空之外，有着你所不了解的未知的广阔天地。

　　所以，我们要不断改造内心的非理性观念，理智客观地看待问题，心平气和地讨论问题，这是每个人都应坚持的思考模式。

04/ 拆掉思维的栅栏，人与人的差别就出来了

一个青年来到一片沼泽前，正想着如何通过的时候，看到不远处有一行脚印。"有脚印，说明有人走过，别人走过的，自己再走，肯定没有任何问题。"于是，青年没有迟疑，就顺着那串脚印走进沼泽。结果，他再也没能走出来。接下来的几天，又有三人跟那位青年一样，结果也是做了同样的选择。直到第四天晚上，下过一次大雨，那行脚印不存在了，才有人安全地通过那片沼泽。

这个故事说了一个道理，不挣脱"思维栅栏"，容易让自己陷入绝境。

每个人都有属于自己的人生轨迹，对有些人来说，前辈的经验总是没有错的，于是亦步亦趋地跟在"先知"后面，遵循着既定的秩序和固有的方式。这样固然可能少走弯路，但别忘了，别人走的不是自己的人生路，如果只知低头跟在别人身后，最终很可能陷进无法逃离的深渊。

"思想栅栏"对于很多人而言，都是思想上的一大限制，但是很少有人有意改变这个问题。而且，在很多人看来，思想僵化是没有办法改变的事实，自己已经定了型，无从改变，于是丧失了独立思考的能力，别人怎么过，我们就怎么过，日复一日，年复一年。

例如，工作中那些无法挣脱"思维栅栏"的人，做事墨守成规、循规蹈矩，久而久之，面对问题的时候，就不会寻求解决问题的新方法。在环境、事物没有发生较大改变时，他们也许还能做出一些成

绩，但随着时间和环境的变化，旧方法和旧规则将逐渐不适应，此时他们就会无法适应新的环境，最后只有遭受淘汰。

日常工作和生活中，我们总是习惯相信权威人士，认为他们的判断准确无误、见解深入全面、观点不容置疑。我们也常常看到这样的情景：两个人争论某个问题时，如果一方添加一些权威成分，则很容易"驳"得对方哑口无言，从而赞同自己的观点。可见，权威对人们的影响力之大，操纵力之强。

对于权威，我们固然需要持一种尊重态度，但绝不能一味地相信权威。

一次，罗素被邀请到一座城市讲学，听讲的大多是研究部门的学者。当这位大名鼎鼎的哲学家登上讲台后，在黑板上写了一个问题：2+2＝？接着，罗素开始征求听众的答案。

大家看着这个问题，心里暗暗琢磨：这么简单的一个问题，大哲学家怎么会算不出呢？对，肯定是大哲学家发现了鲜为人知的哲学新观点。大家纷纷这样想着。

尽管罗素一再强调希望有人将答案告诉他，但是下面没有一个人敢贸然作答。当罗素点到一位先生谈谈自己的答案时，这位先生竟面红耳赤，吞吞吐吐地说自己还没有想好。

罗素见状，笑着说："二加二就等于四嘛！"下面的学者这才恍然大悟。

过于崇拜权威会使人陷于迷信，束缚人的思想，扼杀人的智慧。在权威面前，连简单的事实也不敢承认，难道还敢质疑权威、开拓创新？

进一步说，那些所谓别人总结的经验、思维定式和习惯就是真理吗？不可改变的吗？显然不是。人非圣贤，孰能无过，即使是权威，在认识的领域总还有未知的地方，在理解的层次上也难免会有误差。人类发展到现阶段，在几千年的历史中，太多的错误被揭露，太多的谬论被指正。

一位员工这样说道："我每天规规矩矩地上下班，按照既定的方法和程序做事，兢兢业业地工作，可是为什么每次发奖金的时候，都没有别人多？领导说我的工作效能不高，缺乏创新意识，我也知道自己做事比较死板。可是，创新哪有那么容易，还要打破一些传统的东西。那可是延续了很长时间的规则，人微言轻的我，怎能随便改变历来被人们认为正确的规则呢？"

是的，在工作中规规矩矩、兢兢业业、不犯错误是一位合格员工的体现，但并不能说明敬业。敬业最好的表现，就是为公司提高业绩，这就需要创新，挣脱"思维栅栏"，从新的角度，按照新的思维方式认识客观世界，创造出具有社会价值的物质成果和精神成果。

一个人能否拆掉思维的栅栏，是一流人才和三流人才的分水岭。

美国亚拉巴马州有一个农夫，他得知有一片农场以极低的价格出售，于是从亲朋好友那里筹到一笔钱，买了下来。后来，他发现，这片农场既不能种水果，也不能养猪，能够生长的只有树和响尾蛇。亲朋好友都劝他赶紧把农场卖出去，虽然他后悔自己的决定，可他并不打算就这样放弃。他日思夜想，终于想出一个办法——开始做响尾蛇生意。

几年后，他的响尾蛇生意已经做得非常大了，每年都有上万人参观他的农场。他在农场里建起小饭店、杂货部、旅店。不过，这些都不是最主要的，最主要的还是他的响尾蛇生意。他把响尾蛇身上的蛇毒和蛇皮分别卖给各大药厂、皮包厂，而响尾蛇的肉，自己加工做成蛇肉罐头出售。由于他独到的眼光和天才的贡献，在他做响尾蛇生意的第四年，就把从亲朋好友那借的钱全部还上，并且还赚了一大笔。

　　一个人花了巨资却买了一块种什么不长什么的薄地，这对一般人来说，都是一个不小的打击。更别说，这位农夫的钱还是从亲朋好友那借来的。值得人们称赞的是，农夫并没有把眼光拘泥于种地上，而是另辟蹊径，想方设法地转换方向，寻找出路，最后获得了成功，这就是思维的力量。

　　当你在投资一笔大生意上惨遭失败时，是否会觉得自己走了冤枉路而无法回头呢？当你在觉得骑虎难下、无力回天时，是否会像农夫一样，挣脱"思维栅栏"寻找一条出路呢？

　　对于这个世界来说，谁能够思人所未思，发人所未发，肯下功夫打破常规，谁就能创出一片新天地。所以，挣脱"思维栅栏"，不要束缚自己。当原来的路走不通的时候，要想办法开辟新路；当过去的方法不能迅速解决问题时，寻找更高效的处理方法，之后才会柳暗花明。

05/ 没有人敢走的路，未必是绝路

人通常都希望自己与众不同，但与此同时，往往又拒绝特立独行。这其实并不矛盾，人希望自己与众不同，是为了得到别人关注和崇拜的目光，希望受到周围人的追捧；拒绝特立独行，则是害怕被众人排斥，成为别人眼里的"异类"。于是，多数人往往会在既定的常规中与人竞争，却总是不敢打破常规，另辟蹊径。

其实，当人们去寻找事物的共性时，我们不妨试着寻找它的个性，用逆向思维思考问题。你所擦亮的一个小小的思维火花，可能就蕴含着无限生机。常规内的竞争太过激烈，不按常理出牌，有时反而能闯出一条成功之路来。

美国有个收藏家名叫诺曼·沃特，看到众多收藏家为收购名贵物品不惜一掷千金时，突然灵光一闪：为什么我不去收藏一些劣质画作呢？这样既独特，收藏难度又低。

有了这个想法之后，他很快就开始实施了。当然，虽说是收藏劣质画作，但他也有着自己的原则：只收购名家的失败之作或价格低于5美元的无名之作。

由于他所收藏的这些画作根本没有竞争者，因此在很短的时间内，他的藏品就已经增长到200多幅。

后来，他在报纸上发布广告，宣布要举办全国首届劣画大展，要让广大年轻学画者和收藏爱好者在比较中学会鉴别，进而知晓好画与名画的真正价值。别出心裁的广告备受关注，前来参展的人远比他所预期的还要多，光是门票费，就让他狠狠赚了一大笔。

无独有偶，美国艾士隆公司总裁布希耐一次在郊外散步的时候，看到几个孩子在玩一只肮脏且异常丑陋的虫子，玩得不亦乐乎，顿时灵感迸发：市面上的玩具都在主打优美精致，如果开发一些丑陋的玩具，会产生怎样的效果呢？

于是，他吩咐公司工作人员研制一套"丑陋玩具"，并迅速推向市场。令所有人惊诧的是，"丑陋玩具"一炮走红，销量甚至远远超过一些漂亮精美的玩具，这给艾士隆公司带来了巨大收益，令同行们艳羡不已。

很快，众多玩具公司纷纷跟风，"丑陋玩具"层出不穷，售价甚至超过正常玩具，在美国掀起一阵"丑陋玩具"的热潮。

无论是收藏家诺曼·沃特，还是艾士隆公司的总裁布希耐，都是另辟蹊径获得成功的典型。可见，异想都是进化的源泉。那些成功者的高明之处，就在于他们的思维异于常人，因而能够出奇制胜。正是由于大多数人习惯正向思维，才使得逆向思维者获得更多的机会。

所以，别怕做那个特立独行的人，也别拒绝那些"不合常规"的天马行空的想法。很多时候，你之所以觉得成功如此困难，其实所缺少的未必是实力或机会，可能只是一点稀奇古怪的想法。人不能停留在一种固定不变的模式中，不妨试着做看似异想天开的事，尔会发现，这种体验非常有趣。

23岁那年，他提着一只破箱子，骑着一辆旧单车来到巴黎，最终在一家缝纫店落了脚，当上了学徒工。因为灵巧且勤奋，他的技艺提高很快。后来，他又投奔一个著名的服装设计师，在大师的指点下，开始涉足服装设计，水平有了质的飞跃。也就在这一年，他被《美女与野兽》剧组邀请为演员设计服装，影片公映后，他的设计震动巴黎时装界。

　　28岁时，他创立了自己的时装公司。在当时，服装设计完全忽略男性需求，他打破常规，举办了主打男装系列的时装展示会，毅然推出充满阳刚之美的男性时装。他设计的"P"字牌服装折服了挑剔的巴黎人，达官显贵、社会名流、知名艺人争相慕名定制服装——他用时尚打败了保守。

　　当时，法国时装界规矩极大，服装专为上层人士设计。他则不走寻常路，提出"让高雅大众化"，首开先河地为大众消费者设计服装。此举大获成功，不但为他赢得大笔财富，而且直接促成他三次获得法国服装设计的最高奖——顶针奖。

　　他曾以150万美元的价格将即将破产的玛克西姆餐厅买下。当时不少人断言：他肯定会赔个精光。他转换经营策略，将这家专供贵族享用的餐厅向大众消费者开放，普通民众只要花少量的钱就能体会一下做贵族的感觉。后来，玛克西姆餐厅营业额逐月上升，分店开到了世界各地。

　　52岁那年，他被美国《时代》杂志评为"本世纪欧洲最成功的设计师"，他的名字叫皮尔·卡丹。

　　皮尔·卡丹每次的成功几乎都是特别的，他总在做人们不看好、没有人敢去做的事，所以总是第一个抵达那些未经开垦的肥沃之地的人。有人戏称，皮尔·卡丹是将牛角尖倒过来的人，但和死钻牛角尖的人不同，他对牛角的选择，不在于它有多好看，而是能不能被吹响。

　　没有人敢走的路未必是绝路；没有人涉足的地方也不一定就是荒漠。很多时候，当我们陷入思维的枯井时，不妨试着反其道而行之，把事物的位置颠倒过来思考，或许就能发现意想不到的成功之路。要知道，真理未必一定站在多数人那边，即便当所有人想的都一样时，也可能每个人都错了。

06/ 比坚持更难的，是懂得及时止损

做事的时候，很多人有一种坚持精神，甚至不达目的誓不罢休，这是一种极好的思维模式。但在现实中，有些事情，你会发现自己投入得越多，收获却不见得会越来越多。一件事让你纠结、难受、折磨，却不放弃。这时候，我们就不能再说这个人执着了，只能说固执己见、冥顽不化。

因为有些事再坚持也没什么用，害怕失去的人，往往损失最大。

下面，我们来看这样一则故事：

在大西洋，有一种银肤、燕尾、大眼睛的鱼，叫马嘉鱼。由于马嘉鱼长得十分漂亮，不少渔民想捉住它们，卖个好价钱。但马嘉鱼平时都生活在深海，所以不易被人捉到。但到了春夏之交，渔民们却总能轻而易举地捕到马嘉鱼。这是为什么呢？不是渔民采用了什么高科技捕捞工具，而是马嘉鱼的"固执"害了自己。它们不爱转弯，即便闯入罗网，也不会停止向前游。

原来春夏之交时，马嘉鱼会逆流产卵，顺着海潮漂流到浅海。这时候，渔民们会将一个有许多孔的竹帘，下端系上铁，放入水中，由两个小艇托着。马嘉鱼一旦"落网"，只会拼命地向前游，结果一只只它们便会"前赴后继"地陷入竹帘孔，竹帘孔也会随之紧缩。竹帘孔缩得愈紧，它们就愈拼命地往前冲。就这样，马嘉鱼被牢牢地卡死，最终成群结队地被渔民所捕获。

生活中，你是否因为太过坚持而让自己过得不快乐，固守一份不

尽如人意的感情、一个不适合的职位、一份力不从心的事业等。请注意，一条路走不通却硬往里钻，一味地坚持，刻意地执着，往往会错上加错。就像你走在一条与目的地完全相反的路上，不但始终不能到达心之所往，还会南辕北辙。

所以，选择放弃、及时止损，是比坚持更难的一件事情。

他出生在一个偏僻的山村，是一位地道的乡下孩子，父母希望他能够努力读书，做一个有学问的人，改变自己的命运。于是，他很认真地学习，但成绩却一直上不去。但是很快，他发现自己虽然读不好书，却非常喜欢漫画。他开始在书本、作业本的空白处，画各种人物头像。看着自己的画作，他觉得满意极了。一个男孩子居然学画画，这在农村人看来是荒唐可笑的，但他不以为意。初二时，他主动把作品寄给台北出版社并获录用后，告诉父亲自己要休学，以画画为生。

"年轻时不好好上学，将来你会后悔的。"有人劝说着。

但他却强调："天生我材必有用。"

虽然没有文凭，但凭借对绘画的喜爱与狂热，他建立起无畏的自信。一天，他在报上看见一家报社招聘美术设计人才，职位要求必须是大学本科毕业和有两年以上的工作经验。只有小学毕业证的他，抱着作品前去招聘，他说："我没有文凭，可是热爱美术，实力超强。"结果，他击败所有的大学生。

再后来，他专心从事漫画创作，每天睡眠不超过5小时，每年画出3000多幅漫画，而且无所不画，神探、大侠、庄子、老子、孔子、列子、西游记、世说新语、聊斋、孟子、史记、宇宙、动物……五花八门，想到什么画什么，因此成为中国有史以来卖书最多、版本最多的作家。他，就是我国台湾著名漫画家蔡志忠。

对于自己的成功，蔡志忠强调说："一个人想要不失败，最重要的是了解自己，愈早知道我是谁，我能做什么，我不能做什么，愈可能远离失败。"

有时候，你虽然在某件事情上用了很大的努力，但仍不能达到设想的目标，甚至发现自己处于一个进退两难的地步，所走的路线也许只是一条死胡同。这时候，最明智的办法就是分析一下，这个目标对自己是否合适？如果不合适，不如及时学会放手，重新调整和修正，设立新的目标。

为此，我们应该学一学水的智慧。你看，河流行经之地，总有各种阻隔，如高山、峻岭、沟壑、峭壁，但是水到了它们跟前，并不是一味地冲过去，而是很快调整方向，避开一道道障碍，重新开创一条路。正因如此，它最终抵达了遥远的大海，也缔造了蜿蜒曲折、百转迂回的自然美。

请相信，越早放弃"旧的奶酪"，你会越早发现"新的奶酪"。

众所周知，温州人最早是经营小商品，并以小商品批发起家的。发财之后，他们发现市场上没有更好的投资渠道，相比较而言，投资房地产是最现实的选择。曾几何时，温州人在全国各地炒房炒得风生水起，赚了大把的金钱，也引发了各地的炒房热潮。

当房价政策调控降临，房价不断下跌时，许多住房投资者心痛愈加剧烈，但还是选择了坚守。不过，一些温州人已经抽资而退，他们用逐利的目光追寻新的投资机会，踏上投资煤矿、开采石油、开办电站和电厂的淘金之旅。

"一条路越走越黑的时候，不必固执地走下去，赶紧放弃，及时回头，这样左手握着的东西丢了，我可以用右手赚回来。"这是一位温州商人的自信表白，也是赠给固执愚钝之人的点悟之语。

放弃是一种智慧，它不盲目、不狭隘。

　　人生没有彩排，每天都是现场直播。如果你想活出精彩，就应该及时止损，审时度势地做出取舍。比如，放弃那些没有结果的爱情，以免独自饮泣；放弃那些无法胜任的职位，以免心力交瘁……如此，你就能摆脱烦恼和纠缠，将自己的损失降到最低，并走向生命的开阔之处！

07/ 对于成功者来说，方法就是新世界

有一则脑筋急转弯是这么问的："一个人要进屋子，但那扇门怎么也拉不开，为什么？"

有人说，因为门锁了；有人说，因为门坏了。而标准答案令人哭笑不得——那扇门是要推开的。

人一旦进入思维的死角，智力就在常人之下。

在人的自我认知中，后天通过学习和经验所获得的固定思维，有时就像一种无形的引力，极易让我们的思路朝着固定的方向靠拢。而这些固定的方向可能是我们自己预定的思维规则，也可能是来自生活方方面面的经验。但无论如何，正是这些固定规则无形地套住我们，让我们处处碰壁。

一次，某大学邀请一位成功学家为即将毕业的学子做社科讲座。

讲座开始之后，成功学家什么都没说，先给学子们每人都发了一张试卷。偌大的卷面上只有一道题："一个装满水的浴缸，一把汤勺和一把水瓢，要把浴缸腾空，用什么方法最好？"

台下的学子议论纷纷，心想这是什么讲座，甚至有人露出不屑与鄙夷的表情。过了一会儿，试卷收集上来，成功学家一言不发，也不理会下面的议论，只是默默地耐心翻看试卷，表情始终冷峻。

大约10分钟之后，他示意大家安静，然后公布答案："其实最好的方法是，把浴缸底部的塞子拔掉！"会场顿时一片哗然，几乎所有人都傻了眼，因为他们未做多想便选择用水瓢去掏空浴缸，毕竟水瓢

要比汤勺大多了。

片刻沉默后，成功学家终于面露一丝欣慰之色，说："好在有一个人答对了，恭喜你！"大家面面相觑，不知道那人是谁，但还是响起雷鸣般的掌声。

这个唯一写出正确答案的人，就是后来匈牙利著名物理学家卡恩·瑞成森。

如何腾空浴缸——这是生活中每个人都做过的事情，然而，卷面上只在这个问题前加上了"一把汤勺"和"一把水瓢"，就将几乎所有人的思路都打乱了，让他们纷纷掉入题目的陷阱。这就是习惯性思维的可怕之处。当你的思维形成某种定式之后，如同行驶在轨道上的列车一般，只能按照轨道的既定方向行驶。但很多时候，成功偏偏就藏在拐角处。

对成功者来说，方法就是新的世界。能否把握住机会，不在于你有多少知识，而在于你有怎样的思维。那些头脑呆板、固守教条的人，机会出现了，他也抓不住。这个世界上，每个人都不可避免地在不同程度上被自己的习惯和惯性思维所左右。人们相信经验，害怕改变，担心改变会为自己带来不必要的麻烦。遗憾的是，这种习惯往往给予人们的，都不是最佳选择。

今时今日，人类的生存环境变得越来越不可预期、不可想象，倘若在不断变化的外部环境和自身状况面前，依然只懂得一味地套用以往的经验，那将是极其愚蠢的做法。事有本末，物有终始。思想决定行为，若思维不能转弯，行为也将无法因势利导，在变幻莫测的社会环境中，为自己争取最大的利益。

客观来说，习惯的培养于我们的人生来说，并非完全无益。好的习惯往往能够推进人生快速成长，但不良习惯也会滞留我们获取美满人生的脚步。行为习惯的好坏一目了然，容易区分，但思维习惯的好坏往往很难说清楚。在特定环境下，习惯性思维能够提高我们对特定问题的反应速度。一旦环境发生变化，习惯性思维却可能成为我们突破困局的阻碍。

据说亚历山大图书馆被大火焚烧以后，只有一本书侥幸存留下来，但它并不贵重，于是被一个穷人花几个铜子就买了下来。

这本书的大部分内容很乏味，但书页间隐藏着一些秘密，比如，在一条窄窄的牛皮上就写着"点金石"的事儿。书上说，点金石是一种能把任何普通金属都变成纯金的小鹅卵石，区别在于，点金石摸起来是温暖的，而普通鹅卵石摸起来是冰冷的。

穷人得知这个秘密后，就把少得可怜的家产全部变卖了，准备了一些简单的生活用品，前往海边，开始寻找点金石。

他知道如果将普通石头捡起来，再随手丢掉，可能会无数次捡起同一块石头。于是，只要发现石头是冰冷的，他就将其扔进海里。他从早到晚都在做这个事情，但一直没有找到点金石。他不断地重复着，日复一日。

转眼几个月过去了，一天中午，他捡到一块温暖的鹅卵石。可这么长时间以来，他已经养成把捡起的石头丢进海里的习惯，于是甚至还没等他反应过来，就随手把梦寐以求的温暖的鹅卵石也扔进了大海……

思维习惯往往由无数次的宝贵经验养成。不可否认，经验的确是人生难得的一笔财富。但如果过度笃信自己的经验，无论做什么都依据经验，有时非但不会成功，反而会把事情办得更糟，甚至造成无法挽回的损失。

把石头扔进海里的习惯，就像我们的习惯性思维一样，当形成这种思维定式之后，遇到问题时，我们往往就会习惯性地直达结局，而不会再思考其中的特殊之处。总有一天，我们会将到手的试金石丢进茫茫大海。

人生是现场直播，但主动权始终在你自己身上，只要你愿意打破习惯的思维模式。

老高多年来一直在一家热电厂工作，后来热电厂为了减员增效，辞退了很多员工，其中包括工作勤勤恳恳半辈子的老高。老高上有老下有小，下岗对他来说无疑是"屋漏偏逢连夜雨"。但老高与其他员工不同，他是一个爱琢磨的人，在厂里原本也是技术骨干。早在下岗之前，他就发现热电厂发电过程中产生成吨的煤灰废料，堆在厂里。为了处理掉它们，厂里要花钱雇车往外运。

老高心想垃圾就是放错地方的财富，便动起煤灰的主意。变废为宝靠的是科技，于是老高拿着煤灰样品四处找专家鉴定，终于与一家生产砖机的技术部取得联系。他们正需要这样的工业废料，将其粉碎之后通过调配、黏结等办法加工"复合砖"。于是，老高靠着厂里的关系，花了极少的钱，在别人为下岗而痛哭流涕时，却用"垃圾"淘到人生的第一桶金。

思路决定出路，想快速成长和突破，就得打破惯性思维。

生活中，我们难免会遇到各种各样的问题，如事业遇到瓶颈，爱情遇到危机，人生陷入低谷……在一些暂时没有办法解决的事情面前，我们不能死钻牛角尖，而要打破思维惯性，让大脑忙碌起来，发现全新的、独特性的、多向的解决方法，从而达成更高的目标，遇见更好的自己！

08/ 一滴水只有放入大海，才不会干涸

现实生活中，我们不乏看到这样一些人：他们能力超群、才华横溢，但几乎找不到一个可以合作的朋友，也很难在公司取得长远发展。这是为何呢？

说到底，是他们的英雄主义情结在作怪。这些人渴望成为好汉，喜欢表现自己，又自视清高，认为什么事情自己都可以干好。为了轰轰烈烈地干一场，为了表现自己的能力，生怕别人抢了自己的功劳，把自己湮没，他们不惜单打独斗。

如果你还在成功路上徘徊不前，不要抱怨自己生不逢时，不要苦恼于事事艰辛，先检视一下自己是否有英雄主义情结。如果有，请终结它！

相传，佛教创始人释迦牟尼曾问弟子："一滴水怎样才能不干涸？"

弟子们面面相觑，无法回答。

释迦牟尼说："把它放到大海里去。"

个人再完美，也就是一滴水；而团队是大海，是个人生存发展的基础。

从前，两个饥饿的人得到上帝的恩赐：他们一个人得到一篓鱼，另一个人则得到一根渔竿。他们需要用各自得到的东西养活自己，否则只能饿死。于是，带着上帝的恩赐，他们分开了。

得到鱼的人还没走几步就觉得饿了，于是他便用干树枝点起篝

火开始烤鱼。也许是饿得太久了，他狼吞虎咽，一口气就吃掉三条鱼。又过了两个星期，他再也没有得到新的食物，最终饿死在空鱼篓的旁边。

选择了鱼竿的另一个人深知要是不想饿死，就一定要赶紧捕鱼。他一步步地向海边走去，准备钓鱼解饥。可是，他本来就很饿，走得非常缓慢，不等见到大海，就带着无尽的遗憾撒手人寰了。

这则寓言启示我们：没人可以完全脱离别人而存在，能力再强的人，单枪匹马最终只能一无所得。"众人拾柴火焰高""一个篱笆三个桩，一个英雄三个帮"……这些耳熟能详的俗语也都在告诉我们：唯有依靠团队的力量，依靠他人的智慧，才能成就自己，立于不败之地。

这是再浅显不过的道理了。每个人的智慧和才能都是有限的，但如果你有一种能力，我也有一种能力，两种能力加起来，就不再是一种能力了。一加一等于二，这是人人都知道的算术题，可是用在人与人的团结合作上，所创造的业绩就不再是一加一等于二了，而可能是"1+1＞2"……

历史上，不乏聪明运用"1+1＞2"的人，比如刘邦。在楚汉之争，出身平民、好酒贪色之徒刘邦居然打败了出身高贵、武艺超群的西楚霸王项羽，为何？项羽只懂得单打独斗，总逞个人英雄主义，结果导致自己众叛亲离，而刘邦懂得与别人合作，让别人为自己效力。

当前社会，随着科技的发展，职场分工越来越细，作为相对具体、更加清晰的运营计划，更是要分解到各个部门，单枪匹马的英雄主义要不得。一个人无论处于什么样的位置，拥有多大的能力，都必须依靠与人合作才能成功。

微软原总裁比尔·盖茨就曾说过："在社会上做事情，如果只是单枪匹马地战斗，不靠集体或团队的力量，是不可能获得真正成功的。这毕竟是一个竞争的时代，如果我们懂得用大家的能力和知识的汇合来面对任何一项工作，我们将无往不胜。"

那些在平时的生活中，善于与别人合作、依靠他人智慧的人，总是能够轻易地在人群中脱颖而出，既可以给团队带来帮助，又能够让自己走向成功。这样一来，赢得别人的好感和信任，自然是情理之中的事情。

下面，我们来看一个真实的例子。

井深大刚加入索尼时，索尼老板盛田昭夫将他安排在最重要的岗位上，全权负责新产品的研发。虽然井深大刚对自己的能力充满信心，但他深知这项工作绝不是靠一个人的力量就能做好的。

见到井深大刚的犹豫，盛田昭夫很自信地道："我知道单靠你一个人来研发新产品是不现实的，不过我们有一个成熟而和谐的团队，这是我们的优势。如果你能充分地融入进来，利用好我们的优势，还有什么困难不能战胜呢？"

听了盛田昭夫的这番话，井深大刚一下子豁然开朗："对呀！我怎么光想自己？不是还有二十多个员工吗？为什么不融入这个集体，虚心向他们求教，为了公司和自己的前途跟他们一起奋斗呢？"

随后，井深大刚找到销售部的同事，请教公司产品销路不畅的原因。同事告诉他："我们的磁带录音机之所以不好销，一是产品太笨重，二是价钱太贵。所以，新产品最好轻便，价格低廉。"井深大刚点头称是。

紧接着，井深大刚又来到技术部，同事告诉他："目前，美国已经开始采用先进的晶体管技术作为生产收音机的核心技术，这种新技术不仅可以极大地降低成本，而且可以让产品轻便且耐用。我们建议您在这方面下功夫。"听到这里，井深大刚大喜。

研制新产品的过程中，井深大刚又和生产工人团结起来，精诚合作，一同攻克一道道难关，试制日本最早的晶体管收音机，并一举成功。井深大刚本人也被任命为索尼公司的副总裁。

从"能干的人"到"团队伙伴"，这是一种思维的转变。

个人的力量是有限的，只有团队的力量才是巨大的。一个聪明人不会只依靠自己的力量傻干蛮干，而是会融入团队，让更多的人帮助自己。正如哈佛管理专家所认为的："团队是由员工和管理层组成的一个共同体，该共同体合理利用每一个成员的知识和技能协同工作，解决问题，达到共同的目标。"

你渴望获得别人的认可和欢迎吗？你希望在短暂的一生中获取无限成就吗？那么，无论你有多么优秀，都不能单打独斗，及时地融入团队吧。注重和周围的人和谐相处，然后通过与别人的配合和协作，实现卓越的自我，开启"1+1＞2"的新世界，就像比尔·盖茨和井深大刚一样！

Chapter 7 / 余生没有那么长，
往事不回头，今后不将就

往事不能回首，岁月从不停留。无论多少事情过不去，也要向前走、向前看，把眼前的事情处理好，就是对时光最美的回应，才会知道前面的路有多精彩。

01/ 哪有什么未来，此刻就是未来

外出旅游的时候，我们经常会看到这样一幕：导游带领着一大队游客，挥舞着小旗子，拿着小喇叭高声喊着："请大家抓紧时间，半个小时后我们到门口集合，赶到下一个景区。"于是，游客们走马观花地游览一下景观，急忙在标志物前拍照留影，匆匆离开，赶往下一个景点。到了下一个景点，依然匆匆如此。

下一个，下一个，我们总是匆匆地赶往下一个目的地，总觉得下一个地方会有更美丽的风景。行色匆匆中，游览的目的似乎只是为了证明自己来过，全然忘记了欣赏美丽的风景。这样一来，每到一个地方都没有来得及完全融入和欣赏，又急切地赶往下一个地方。

下一个景区，下一个假期，下一栋房子，下一份工作，下一个目标……我们匆匆走过此时此地，因为总是坚信下一个比这一个更适合自己；坚信下一刻比此刻更加美好。可是，我们也应该知道，下一刻只是看不见、摸不到的未来。谁又能保证下一刻就一定比此时此刻更美好、更适合呢？

看不见的未来只是虚幻，只有此时此刻才是真实的存在，才是我们应该珍惜和把握的。如果我们只把眼光盯住下一刻，而忽视了这一时，那么将错失更多的美好。快乐也好，幸福也罢，都是一种即时的感受，是我们此时此刻拥有的，而不是来自下一刻、几天、几月、几年之后的虚幻感觉。

年轻时，他是一个拥有雄心壮志的人，对未来充满憧憬和信心。他总是说："等我有了好计划，一定要干一番大事业""等我事业有成的时候，一定要盖一栋大房子""等我有时间的时候，一定要周游世界"……

"等到我……的时候""等到我……的时候"，就这样，他一直说过了而立之年；说过了知天命之年；说过了迟暮之年。可是，他的雄心壮志、美好未来却一个都没有实现。就这样，他蹉跎了一生。

我们总是把太多的时间和精力浪费在对下一刻的期盼和幻想中，寄希望于看不见又遥远的未来；我们总是苦心积虑地做好很多计划，却等着未来的某一刻去实现。可是，未来将会怎样，我们永远无法知道，却因为没有重视此时此刻而错失最真实的生活，只能浑浑噩噩地度过一生。

人生没有彩排，每天都是现场直播。与其沉浸在对未来的空想之中，为什么不好好把握此时此刻的美好感觉呢？

著名作家斯宾塞·约翰逊写过一本名为《礼物》的书。

一个孩子问一位充满智慧的老人："世界上有最珍贵的礼物吗？"老人回答道："有！世界上最珍贵的礼物可以让人生获得更多的快乐和成功，可这个礼物只有依靠自己的力量才能找到。"于是，这个孩子从童年到青年，走遍千山万水，用尽所有办法四处找寻这个最珍贵的礼物。

可是，他越拼命寻找，却越感到生活得不快乐，而他生命中那个最珍贵的礼物自始至终都没有出现。到后来，气急败坏、心生绝望的年轻人决定放弃，不再没有目的地追寻世界上最珍贵的礼物了——此时他赫然发现，苦苦寻找的东西原来一直在自己的身边，人生最好的礼物就是——"此刻"。

哪有什么未来，此刻就是未来。一味地追逐下一刻，我们将错失最真实的现在。下一刻不一定比此时此刻更美好，生活就在这短暂的一刻。

珍惜这一刻吧，如此才能创造美好的未来！

02/ 也许你所需要的，只是一个规划

不知道从什么时候开始，我们总是习惯性地看别人，看别人做了什么事情，是否获得了成功……于是，潜意识中，我们把别人当成自己的生活标准，久而久之，失去自己原本的生活节奏、生活方式和生活目标。

其实，这种习惯可能源于我们小时候的教育模式。那时候，当我们调皮捣蛋的时候，父母总是这样说："看看人家孩子多听话，再看看你……"当我们上学之后，成绩不理想的时候，父母也会这样说："看看人家小明，成绩总是第一名，再看看你……""你看看人家孩子把生活打理得那么有条理，你再看看你……"当我们成年之后，父母还是在我们耳边唠叨着说："看看你李叔家的孩子，和你一样大，都已经结婚生子了，你却还没有女朋友……"

就这样，在我们的潜意识中，把学习的方向放在别人身上。每当与别人对比时，都会感到无地自容、自惭形秽，然后破罐破摔，让自己继续堕落下去，心中还自我安慰地想："反正我总是比不过别人，为什么还要努力呢？"

可是，你知道吗？当你步入社会之后，你最需要的不是看别人是否成功，而是观察别人如何成功。为什么有些人能把自己的生活打理得井井有条，你自己的生活却一团糟呢？这时候，你或许再也不用面对父母的指责，却要承受生活和工作带来的沉重压力。你或许不知道自己错在哪里，但事实就是，你与优秀的人之间的差距越来越遥远。

　　成功的人每天都在忙碌，平庸的人每天也在忙碌。时间对每个人来说绝对公平，那么，两者之间的差距到底是如何产生的呢？有些人学会了审视自己、反思自己，他们及时做出了改变。然而，可惜的是，大多数人懒得思考这些问题，每当遇到这种纠结的时候，他们总是用对方很聪明、对方机遇好来搪塞。

　　但是，如果有一天你能够坐下来认真思考，就会发现，最初进入社会的时候，你与那些成功人士的情况几乎是一样的，都是刚刚起步，没有任何经验。只不过之后的道路，对方走得有条不紊，你却在原地踏步。那是因为，你从来没有花时间想想，你真正需要什么，你想成为一个什么样的人，你缺少什么？你对待生活的看法是什么？你想活出怎样高质量的人生？你需要遇见怎样的人？你需要加入怎样的群体？你需要从这些人和群体中学到什么？诸如此类的问题，你真的好好思考过吗？

　　那些成功的人可能从很早的时候就在思考着类似的问题，他们最初就知道自己想要的是什么，并且为自己的人生做好规划，始终按照这个规划不断地努力着。之后，当机遇来临的时候，他们所要做的就是按部就班地根据规划，一步步地落实、执行。这是一个规模庞大的计划，或许整个思考过程就花了他们大部分的休息时间。他们会仔细思考，在真正执行过程中会遇到什么样的困难，当遇到这些困难的时候应该用什么策略解决，等等。

　　没错，规划对于人生具有非常重要的作用。它可以让你每时每刻都知道需要做什么，让你的生活不再迷茫，找到前进的方向。同样的人，同样的环境，如果一个人有着良好的规划，结局就会截然不同。当一个人总是在为生活做规划的时候，未来就会冲他招手，直到把他的思想落成现实。

这不禁让我们想起一个故事：

小时候的拿破仑，在班级里往往是备受欺负的那一个孩子。但面对眼前的一切，他没有放弃自己的梦想，时常畅想遥远的未来。那时候，在他的心中，自己将会是一个英勇善战的将军。为了达到这一目的，他每天都很用功地学习，同时不断在脑海中重复着未来时代：自己统领千军万马驰骋战场。

几年的苦读中，拿破仑做了大量的读书笔记，后来人们把这些笔记出版了，竟然有400多页。在那里，他的角色是一个总司令，将科西嘉岛的地图描绘出来，并在地图上标注了哪些地方应当布置防线。所有的一切，他都用了很高明的数学方法进行精确计算。

就这样，拿破仑用自己的聪明和学识拯救了自己，他的长官看见拿破仑很有学问，就派他去做一些需要复杂计算的特殊工作，而聪明的拿破仑也把这些工作做得漂亮极了。因此，他又有了新的学习机会，增长自己的见识，并且更加坚定自己的目标。当全世界的人还不知道将来的形势会变成怎样之前，拿破仑已经顺利地走在通往成功的道路上了。

就是因为给自己未来规划了一个明确的方向，拿破仑以后的努力都有的放矢，人生才有条不紊。正是因为他朝着自己的目标不断努力，终于成就了自己的梦想，成为法兰西帝国的第一位皇帝，成为欧洲大陆上最显赫的皇帝。

看到了吗？这就是一个人经过美好的规划和长期的准备得到的圆满回馈。在很多人不知道自己应该干什么的时候，有些人已经提前行动起来，一步步地规划自己的明天；在很多人无所事事的时候，有些人却似乎像个异类一样沉迷于自我准备的世界；当很多人浑浑噩噩度余生的时候，他们已经成功了。

　　每个人的生命都是有限的，不过几十年。你的人生之所以那么拥挤和迷茫，主要原因就在于你没有更有效地经营，没有有效地利用自己的时间和精力，反而把它浪费在了那些无所谓、无意义的事情上。之后，当要紧的事情来了，你的生活就只有漫无目的地忙碌和紧张了。

　　你还准备继续原地踏步吗？真的准备做一个看客，看着别人一步步走向成功，而自己却依然在拥挤不堪的工作与生活中找不到自我吗？

　　在电视连续剧《我的兄弟叫顺溜》中，新四军为了成功射杀日本华东军司令员石原，给狙击手制订了一个周密的作战计划：遵守纪律，小心行事，不能暴露自己的身份；在每一条可能的通道上布置火力，严阵以待；要有耐心，只有目标出现在射程之内时才能开枪。按照这样的计划，顺溜一枪成功击毙了石原。如果没有这样的作战计划，顺溜想当然地行事，结局恐怕就大不一样了。

　　好好地思考一下自己的人生吧！这时候，你最缺乏的就是静下心来打量自己，审视自己。只要改变思路，重新打量自己的生活，你才可以变得有条不紊，成就自己的梦想。人生还有很长的路要走，你的生活还有很多改善的余地，要看你愿不愿意做出改变。

　　没错！好好给自己做个规划吧！知道每个时间段自己要做什么，懂得一个阶段一个阶段地落实自己的规划，在对的时间做对的事情，才能有条理，时间就会变得充足，效率才会有提高，结果可能更令人满意。幸好你还年轻，你和成功者的距离没有那么遥不可及。

　　请相信，只要努力改变，一切都不算晚。

03/ 真正的强者，敢于狠狠地逼自己

想要征服一座山，先要征服你自己。

"如果不能逼迫自己，你将没有机会把所有潜能发挥出来，你也就很难改变你的人生。"第一个征服珠峰的新西兰人埃德蒙·希拉里如是说："我真正征服的不是一座山，而是我自己。"

逼自己，对自己未免太不客气，但为了砥砺自己，我们只好如此。身为万物之灵长，我们有着可贵的自觉与主动，同时也潜藏着顽固的惰性，常常随遇而安、不思进取、无为度日、自我姑息。本质上，我们更愿意迁就和纵容自己，这很容易将我们的才华埋没。要祛除这一顽症，只能求助于我们自己，由我们自己来做医生，灵丹妙药就是自己逼自己，开发出更强的意志力和自制力。

西奥多·罗斯福是美国历史上公认的意志最坚定的领导人，他常常自诩为"自我塑造的人"。但是，没有人天生伟大，这位政治家也并非生来如此。西奥多小时候被哮喘病所困扰，虚弱得甚至连吹灭床头蜡烛的能力都没有。关于自己的童年，他这样形容："一个体弱多病的男孩和一段悲惨的时光。"西奥多的父母甚至不敢肯定他能否长大成人，不过，他还是活了下来。

他回忆说："我小时候既虚弱又笨拙，所以对自己毫无信心。对我来说，迫在眉睫的是训练自己的身体，强化自己的意志和精神。"西奥多小小年纪就明白，要想成为自己希望的那种人，就必须通过自我磨炼来塑造自己。

詹姆斯·斯特洛克在他的传记作品《罗斯福的领导艺术》一书中，向人们详尽描述了西奥多·罗斯福对于自我塑造所做的努力——"泰迪振作了起来，为发挥出自己所有的潜能，他听取了父亲的教诲：'你必须重新塑造你自己的身体！'人们没有选择原地踏步的权利；在奋斗的一生中，无所事事只会成为致命伤。"

然后呢？

西奥多·罗斯福成了美国历史上最年轻的总统。

他因为成功调停日俄战争，获得诺贝尔和平奖，是第一个获得此奖项的美国人

他被美国权威期刊《大西洋月刊》评为"影响美国100位人物"的第15名。

他的独特个性和改革主义政策，使他成为美国历史上最伟大的总统之一。

著名记者亨利每每回忆起自己与总统的那次谈话，总是充满敬佩之情。他对西奥多说过的话记忆犹新："关于我一生经历的各种战役，人们谈论很多。其实，最艰难的一场战役只有我一个人知道，那就是战胜自己。"接着，西奥多概括了那场战役的意义："只有通过自我磨练，人们才能真正获得自制力。只有依靠惯性和反复的自我控制训练，我们的神经才有可能得到完全的控制。从反复努力和反复训练意志的角度上，自制力的培养很大程度上就是一种习惯的形成。"

西奥多对自我的磨炼贯穿他的一生，不论是朋友还是敌人，都公认他的果敢和坚忍。历史学家莫里森则做出这一经典的阐述："他的一生，充满了令人惊讶的决断。他的精力和天赋并没有在出生时就得到某种自然、和谐的统一；相反，经过多年持久而大量的意志锻炼，它们得到有效的组织和引导。"

　　值得注意的是，西奥多一开始并不是一个有身体、有决心、有毅力的人。然而，自我磨炼，使他最终成为人们眼中的"罗斯福"。

　　这个家族中还有一位"罗斯福"，同样的果敢坚忍，让人不得不怀疑这个家族的血液是不是不同凡响。

　　富兰克林·罗斯福——西奥多·罗斯福的远房堂侄，他中年成器，是政界和军界的一颗耀眼新星。然而，如日中天之时，噩运却不约而至，富兰克林不幸患上脊髓灰质炎，下肢瘫痪。起初他动弹不得，必须坐在轮椅上靠别人抬上抬下。但是，厄运并没有使他屈服，他直面残疾，逼迫自己自理、自立。

　　有一天，富兰克林突然告诉家人，自己发明了一种残疾人上楼梯的方法，并愿意表演给大家看。只见，他先用手臂的力量将身体撑起来，爬上台阶，然后再把腿拖上去，就这样一个台阶、一个台阶艰难缓慢地向上爬着。母亲实在看不下去了，阻止他："富兰克林，你这样在地上拖来拖去，让别人看到多难堪！"富兰克林断然说道："我必须面对和战胜我的残疾！"

　　7年后，富兰克林东山再起，出任纽约州长。任期内，美国发生严重的经济危机，他当机立断采取措施，建立救济机构，成效显著。随后，富兰克林高票当选总统，入主白宫，并连续3次当选，成为美国历史上唯一一位连任四届的总统。

　　从两位罗斯福的事迹中，我们不难看出淬炼自己的重要性。

　　是的，现实是无情的，竞争是残酷的，自己不努力，哪旦找未来？为了让自己变得更出色，足智多谋，不屈不挠，更为了充分发挥自己的潜能，我们唯有通过自我锤炼来实现从平庸到优秀的转变。哪怕摔得头破血流，也要一点点变好和变强，事业、生活、爱情都是如此。

逼自己，最终的目的是战胜身上一切不和谐的东西，狠狠收起曾经的固执任性，勇敢地坚持独立成长；狠狠面对生活里的寒冷，当痛苦压得左肩担不住了，就换到右肩继续担……逼自己时，你会发现自己身上竟蕴藏着如此丰富的潜力，如同火山沸腾的岩浆，随时准备喷薄而出。

04/ 一旦选择了一条路，就不要摇摆

　　小时候，我们都听说过狗熊掰玉米的故事，这只狗熊来到玉米地里，想要多掰一些玉米，可是它却掰一个丢一个，掰一个丢一个，费了半天劲，手中却只剩下一个玉米。

　　我们都觉得狗熊非常可笑、愚蠢，可是现实生活中，却总是有同样可笑愚蠢的人。他们本来有了一个非常周密的人生计划，只要一步步地走好，就一定能够获得成绩，接近成功的目的地。可是突然半路上，他们遇到一个诱惑，于是这些人一下子就被它吸引住了。

　　他们陷入矛盾之中，心中不禁想：不如先停下来，去那里看看吧，或许那是更好的选择呢？反正它离我的目标没有偏离多少，只要及时回来就可以了。可是，这条道路上，他们又会遇到更多的选择和诱惑，于是慢慢地，越走越远，偏离了原本的轨道。等回过头的时候，却发现自己已经偏离轨道那么远，找不到曾经的路了。就这样，他们错过了实现梦想的最佳时机，累了半天却什么也没得到。

　　上大学的时候，小乐想要提前考过英语四级，于是便买了一大堆参考书。她每天都会抱着英语书到教室，就连吃饭的时候都抱着这些书，别人觉得她是一个非常用功的学生。可是，事实是怎样呢？那些书只是被她抱来抱去，每本书只是翻开了几页，看上去都是那么新。

　　没过多久，她又说："眼下会计师很吃香，要不自己再学个会计吧！"于是，她又买了一堆会计的书，堆满整个书桌。过两天，她又听说有人报考营养师，她赶紧大声说："给我报上，给我报上，我要

考营养师。"之后还是如此，又买了一堆书。同时，为了了解更多的知识，她还在网上报了很多课程，时不时地和身边的同学讨论，告诉别人这课程多好。

可是，当别人问她是否去上课的时候，她总是不好意思地摇摇头说："还没来得及，我正在做准备呢！"就这样，小乐的课程报了很多，书买了一大堆，钱花了不少，然而真到努力学习的时候，却不见她行动了。之前，她所做的一些准备，只不过是无用功罢了。

可与她同一个宿舍的小雪，却恰恰相反。当初想要考英语四级的时候，她就买了一本新概念英语、一本英汉字典，每天努力看这两本书，顺利通过了考试，还取得了不错的成绩。和她一起报了会计师的小丽，手里也就一本教材，每天认真地听老师讲课，课余时间就学习复习资料，结果也顺利地把会计师证拿了下来。

生活中，我们总是可以看到一些人，他们每天都很忙，忙着做很多事情。这种努力的状态真的很让人感动。可是，仔细观察一下，我们会发现，他们所做的事情根本没有什么成效和起色，和故事中的小乐一样，做着这件事情，却很容易被另外的事情诱惑，偏离自己的计划和轨道，以至于忙碌了半天什么也没有得到。他们或许很精明、能干，可就是因为缺乏坚持的精神，缺乏耐力，最终让自己的人生失去精彩。

是啊，诱惑是可怕的魔鬼，它常常伪装成一份机遇出现在我们面前，然后让你一点点地偏离原本的正确轨道，不知不觉地将梦想埋葬。当你不能回头时，它却突然离开你，得意忘形地在你最痛苦的时候说："一切都是你自己的决定，是你毁灭了你自己。如果你能坚持下去，我又能把你怎样？"这时候，听着命运的嘲笑，你只能一个人蜷缩在阴暗的角落里独自哭泣，感叹自己努力了这么久却毫无意义，累了半天什么也没有得到。

人生的道路上，每个人都不可避免地遇到很多诱惑和选择，引诱得人心神不宁、目不暇接。如果你总觉得手里攥着的不是最好的，再多走一步就会有更好的等着自己，你就会失去更多。相反，如果你能抛开迷人眼的乱花、抵御扰人心的诱惑，坚定自己的选择，结果往往会获得更多。

一个学生问一位哲学家："爱情是什么？怎样才能找到自己心仪的对象？"

哲学家笑笑，没有回答他的问题，而是把他引向一片稻田，然后说："你现在到稻田中，找到一颗最饱满的稻穗给我，记住你只能向前走，不能回头。"

于是，学生走进稻田，那里的稻子饱满可人，学生毫不犹豫地采下自认为最饱满的稻穗。正要回头的时候，却发现远方是一望无垠的稻田，心想很可能还有更饱满的，于是他不甘心地继续往前走。走着走着，果然在不远处，他又发现了更饱满的，于是扔掉了手中的稻穗，摘下眼前的这颗。

就这样，这个学生不断地重复了几次，看见更饱满的稻穗就会扔掉手中的。学生越走越远，却失望地发现，前方可以选择的好稻穗越来越少，里面最好的还不如自己之前扔掉的。可是老师早有交代，自己已经回不了头，所能做的只能是从眼下这片稻田里，尽可能地选上一颗，草草地带回去。

看到学生一脸沮丧地回来，哲学家非常淡定地笑了笑，然后看着他说："这就是爱情，就是恋人，就是人生。我们总是觉得前面会有更好的，却忘记了自己本来就拥有着最好的，所以心有不甘地放下自己本来拥有的财富，然后继续奔波、寻找，最终只会错失最好的选择，随便选择一个不太心仪的，草草完结此生。生命是不能回头的，一旦放下的东西，不管你多想找回，多么后悔，很难再得到。"

现实生活中，很多人努力地生活，追求更好的人生，可是这些人累了半天，什么也没得到。回顾他们走过的道路，我们可以看到，他们展望过、努力过、拼搏过，甚至还小小的辉煌过，可最终就是因为没有坚持，以至于在盲目的选择和放弃中迷失自我，失去了更多的大好机遇。当别人成功了的时候，回头看看自己，心中剩下的只有懊悔了。

佛家的精髓就是一心正念，秉持一念坚持下去，就没有什么事情不能成功。我们来到这个世界，谁也不想在有限的人生中碌碌无为，越活越不像自己，偏离预期的轨道。所以，当我们面对自己的每个选择时，一定要慎重再慎重。只要确定了自己的选择，就应该坚持下去，走到最后。虽然这个过程中，我们会遇到很多诱惑，也有很多选择，但是这些诱惑和选择不过是裹着糖衣的陷阱，最终把你引向的一定是一条无法再回头的痛苦之路。

经得起诱惑的意义在于：能够守住精神的底线，不被外界所左右，安抚躁动的心神，熨帖狂乱的灵魂。在寂寞中默默耕耘，严格地塑造、鞭策并完善自我。坚持下去吧！如果人生是一部戏剧，那些坚持演好一个角色的人才能成为主角，并得到圆满的结局，之前的努力才不会白费，之前的累才不会白受。

05/ 学习如逆水行舟，不进则退

据美国职业专家调查确认：进入21世纪，职业半衰期周期越来越短，新统计显示，25周岁以下从业人员，职业更新周期为人均16个月。所有高薪者倘若不学习，不出5年，就会沦为低薪一族。就业竞争的加剧显然是"罪魁祸首"。当10个人中只有1人拥有医师从业资格时，他的优势就非常明显，但当十之七八皆有从业资格时，他当初的优势便不复存在。

这个社会里，一个人即便在某一领域曾经很有学问，或有充足的专业知识，如果志得意满，就此停滞，学习无以为继，那么5年之间就会进入"知识半衰期"，这就是我们今天所要面临的现状。不管在哪个领域，几乎都不缺少人才，你很难找到一种只有你自己才能掌握的技能，总有人在你前面奔跑，也总有人在你身后追赶，只要你停歇片刻，可能就会被人超越。可以说，学习的过程就是一个与逆流搏斗的过程，一旦中断学习，我们就会被时代的逆流冲到下游去。

"我一生都在教育界和学术界里'混'。"季羡林先生如是说，"这是通俗的说法。用文雅而又不免过于现实的说法，则是'谋生'。这也并不是一条平坦的阳关大道，有'山重水复疑无路'，也有'柳暗花明又一村'。回忆过去60年的学术生涯，不能说没有一点经验和教训。迷惑与信心并举，勤奋与机遇同存。把这些东西写了出来，对有志于学的青年们，估计不会没有用处的。这就是'一拍即合'的根本原因。"

季羡林先生治学严谨，学问博大而精深，一生孜孜不倦，可谓活一时便学一时，从不倦怠。以他研究过的《浮屠与佛》为例，1947年，此文以汉、英两种文字第一次发表，受当时条件所限，当中有些地方不尽如人意。1989年，季先生经过不断搜集资料，又写一篇《再谈"浮屠与佛"》，将其中问题逐一解决。

那些真正有学识的人，即便已经非常了得，也常自喻为孩童。很多时候，这不是因为他们拥有谦虚的态度，更是因为他们深刻地理解"学无止境"四个字的含义。学习是一种认知，认知具有无限性和反复性，依此而言，学习理当永无止境。换言之，学习的概念应该是"没有最好，只有更好"。如果停止学习，可用知识越发陈旧，人会越活越老，失去竞争活力，最后被淘汰出局。

那是大学毕业前的最后一次考试：一群电子信息工程生聚在一起，讨论着各自的未来，有人说自己已经找到工作，有人则在憧憬自己想得到的工作，他们都觉得，凭借自己这四年的努力，足以解决任何问题，征服外面的世界。而对于几分钟之后的考试，他们显得信心满满，毕竟教授都说了，他们可以带需要的教科书、参考书和笔记，只要考试时不交头接耳就行。

时间到了，他们一脸轻松地走进教室。教授发下试卷，学生们则眉开眼笑，因为上面只有5道题。

3个小时过去了，教授开始收卷。而此时，学生们的脸部已经由晴转阴，灰暗得可怕。他们默不做声地看着教授将试卷收走。教授端详着学生们脸上的神色，郑重问道："有谁答出了全部5个问题？"

没有人举手。

"那么，答出4个的呢？"

还是没有人举手。

"3个？"

"2个？"

学生们低下了头，局促不安。

"那么，1个呢？一定有人能至少答出1个吧？"

学生们集体保持沉默。

这时，教授放下手中的考卷，意味深长地说道："这在我的预料之中。我这样做是想告诉你们，虽然你们完成了四年的工程教育，但仍有许多工程问题你们不知道。事实上，这些你们不能回答的问题，在日常操作中非常普遍。"

接着，教授露出笑容，语调轻松地说道："这个科目你们都会及格，但要记住，虽然你们即将毕业，但你们的学习才刚刚开始。"

人这一生，需要学习的东西实在太多，即便是你已经掌握的知识，也在随着人们对这个世界探索和了解的不断加深而不停折旧。你得拼命学习，拼命更新，才能保证所怀揣的知识跟得上时代进步。学习是一生而不是一时的事，任何停滞都会让你的知识含金量不断降低，不断流失。

有人提出了"一万小时定律"，其核心是，无论做什么事情，只要坚持到一万小时，基本可以成为该领域的专家。按比例计算，倘若每天坚持四小时，一周坚持五天，成为一个领域的专家大约需要十年。但在十年之后，倘若学习无以为继，只需要5年，你就会因知识"折旧"而被挤出这一领域的专家行列。

可见，学习经不起一丝懈怠，我们汲取知识的速度远远比不上知识折旧的速度，哪里还有时间去糟蹋、去怠惰？人生没有彩排，每天都是现场直播。别为了追求那些华而不实的东西而浪费真正宝贵的东西，别到白头之时才发觉自己一生其实都处于浑浑噩噩之中。

06/ 任何时候，都不要拒绝成长

知名主持人杨澜在总结自己的人生经验时，说了这样一句话："这一辈子你可以不成功，但是不能不成长。"

是的，只有不断成长的人，才能跟得上时代前进的步伐；只有不断成长的人，才能适应企业和组织的发展；只有不断成长的人，才能保持清醒的危机意识；只有不断成长的人，才能总是胜任工作，才可能捧着金饭碗、拥有终身受雇力！

如果说"学习如逆水行舟，不进则退"，人生其实也是如此。历史的车轮滚滚向前，社会不会等待你长大。如果你不能积极成长，与时俱进，就只能被社会淘汰，因为时代在发展，社会在进步，你不成长，就只能远远被抛弃在历史的道路上。

很多年前，一群熊快乐地生活在一片树木茂密、食物充足的森林里。他们在这里繁衍子孙，同其他动物友好相处。突然有一天，地球发生巨大变化，这片森林被雷电焚烧，动物们四散奔逃，熊的生命也受到威胁。

其中，一部分熊提议说："我们北上吧，那里没有我们的天敌，可以发展得更加强大。"

另一部分则反对："那里太冷了，如果到了那里，只怕我们大家都要被冻死、饿死，还不如去找一个温暖的地方好好生存，供我们吃的食物也很多，更容易生存下来。"

争论了半天，谁也说服不了谁。结果，一部分熊去了北极边缘生活，另一部分则去了一个四季温暖、草木繁茂的盆地居住下来。

到了北极边缘的熊，由于气候寒冷，他们逐渐学会在冰冷的海水中游泳，还学会潜到海水中捕食鱼虾的本领，甚至敢于与比自己体积还大的海豹搏斗……长期下来，他们的身体比以前更大、更重、更凶猛，这也就是我们现在看到的北极熊。

另一部分熊到了盆地之后才发现：这里的食肉动物太多了，自己身体笨重，根本无法和别的食肉动物竞争，于是他们决定不吃肉了，改为吃草。可没想到，这里的食草动物更多，竞争更加激烈。草也吃不成了，只好改吃别的动物都不吃的东西——竹子，这样才能得以生存下来。渐渐地，他们把竹子作为自己唯一的食物来源。由于没有其他动物和它们争抢食物，它们演化成了我们现在看到的大熊猫。

后来，竹林越来越少，大熊猫的数量也越来越少，几乎濒临灭绝，只能被关在动物园里，靠人类的帮助才能生存。

当然，这只是个有趣的小故事，不能当作科普知识来阅读。但从这个小故事中，我们却能看到不同人在不同选择之后的成长与发展。选择竞争的人，将会在不断的拼杀与磨砺中成长为凶猛的北极熊；而选择躲避竞争的人，则只能在不停的妥协与退让中，变成靠人圈养的"大熊猫"。

那么，你究竟希望做北极熊还是大熊猫呢？

社会是一个永不闭馆的竞技场，每天都在进行着淘汰赛，不是自己淘汰自己，就是被别人淘汰。我们只有主动出击，抓住一切机会提高自己，才能不停成长，让自己不断强大，保持竞争力。

但不可否认的是，人都存在惰性，一旦稳定下来，只要付出50%的精力就可以应付所做的工作，人就会变得懒惰和不思进取。这是非常致命的。在这个飞速发展的社会，靠经验吃饭的时代早已成为历史，任何人如果不紧跟时代步伐前进，就会成为被社会抛弃的"落伍者"。

地球上的人类正在飞速增长，相应而来的是大量人才的出现。一个团队中，任何人员都不是独一无二、不可或缺的。失去一个人，马上可以在社会上找到同样类型的人才补充进来。工作是什么？它就是自己生存的保障，衣食住行都要靠工作获得的薪水来维持。丢掉工作，你就丢掉了一切，更不要说理想和事业了。你必须不断成长，不断前进，才能让自己成为"保值品"。

古人说："忧劳可以兴国，逸豫可以亡身。"李自成由得天下到失天下的过程，为上面的说法提供了有力的佐证。我们每个中国人几乎都深知这段历史，懂得生于忧患而死于安乐的道理。危机与挑战时时存在于我们身边，如果看不到自己所面临的竞争和危机，你必定会被未来社会所淘汰。

大学毕业后，董明和王培同时任职于一家广播电视台，担任普通的技术专员。刚开始，两个人的工作表现没有太大的差别，可是半年后，董明晋升为组长，王培却被老板辞退。这是为什么呢？

有一次，台里从德国进口了一套先进的采编设备，比现用的老式采编设备要高好几个档次。台长把这两个小年轻叫到办公室，说："我们台里新引进一套数字采编系统，我希望你们能好好研究一下。"

董明和王培一看说明书居然全部是德文，顿时蒙了，毕竟他们之前对德文一窍不通。

这时，王培面露难色地说："台长，我连说明书都看不懂，又刚毕业，没有经验，怕把设备搞出毛病来。所以，您还是找个懂德语的来研究吧。"说完，他向台长鞠了一躬，就匆匆出去了。

　　台长急切地盯着董明。董明虽然心里也有些没底，但他知道解决这个问题就是一次机会，便很爽快地答应了。接下任务后，董明就夜以继日地忙碌起来。他对德文也是一窍不通，于是就通过请教大学老师、上网查阅资料、翻字典等方法将说明书翻译成了中文。在摸索新设备的过程中，他有很多不明白的地方，但通过电子邮件，向德国厂家的技术专家请教。短短一个月下来，他已经熟练掌握了新采编设备的使用方法。在他的指导下，同事们也都很快学会了。

　　这样一来，台长对董明的好感大增，最终他不仅被升了职，还成了老板眼中的大红人。而王培对待工作挑挑拣拣，各方面能力平平，公司有他没他一个样，加薪无望，升职更无望。后来，公司准备裁员时，王培即便是一名大学生也未能幸免，成了第一批人选，甚至输给了一个实习生。

　　一个人应当让自己跟得上时代前进的步伐，学会和自己比赛，如果你停止了成长，不主动淘汰自己、超越自己，必将被别人超越和淘汰。想当初，能够进入国企工作的人，都以为自己手里捧了个"铁饭碗"，可谁又能想到，不少国企改制之后，一大批职工却落得个走投无路的结局。

　　人生没有彩排，每天都是现场直播。每个人都应有忧患意识，任何时候都不要拒绝成长。当你能不断持续成长时，各种资源会源源不断涌向你！

07/ 活好每一天，就是活好一辈子

一味地留恋或抱怨已逝的昨天，一味地憧憬或规划遥远的明天，不专注地感受当下的此时此刻，这正是很多人处于焦灼状态的原因所在。

大学报考志愿时，他原本选择的是建筑系，但因五分之差，被调剂到了医科系。为此，他一直耿耿于怀，"如果当初我努力一点，或许就不会被调剂了""高考时我因大意错了一道题，如果当时认真些，多好"……因为本来就不喜欢医学，他就这样浑浑噩噩地过着每一天，只盼着快点毕业。

临近毕业时，他又开始迷茫："毕业后，我该做什么工作？该到医院去吗？""我能找到工作吗？万一找不到，我怎样才能谋生？"……这些想法令他整天愁眉苦脸，寝食难安。

后来，他向导师倾诉自己的忧虑，导师意味深长地说："秋天到了，只要一起风，树上的落叶每天都会落下来。昨天扫得很干净的院子，明天还是会落叶满地！傻孩子，你不该后悔昨天的事，更不该忧虑明天的事，好好地过好今天才是啊！"

听了导师的话，这位大学生恍然大悟。

过去的事情就过去了，无从改变。明天的事情还是未知，无从计划。我们不是为过去而活，也不是为未来而活，活在当下这一天，才是最重要的。

什么是"当下"呢？简单一点说就是：它是你现在正在做的事、待的地方、周围一起工作和生活的人，就是你所生活的每一个城市、每一个家庭、每一分钟；"活在当下"就是集中你所有的智慧、所有的热忱，全心全意去接纳、投入和体验你此刻的生活。

无论"昨天"已经怎样，也无论"明天"将会怎样，都没有多大意义。倘若你为此花费太多的精力，而忽视当前的这一天，如此虚度了"今天"不说，也很难获得平和与喜悦。

人生的每天都是现场直播，生命的意义是由每个"今天"构成的，你所要做的就是过好今天，吃饭的时候全然地吃饭，玩乐的时候全然地玩乐，生命全部的能量都集中在"今天"，每天都活得很饱满、很有力量，才是完美的。这样的日子累积到一起，才是最充实的人生，生命的喜悦自然浮现。

拉姆·达斯原为哈佛大学心理学教授，但他自认为自己活得不幸福。后来，为追求人生真义，他离开了哈佛大学，开始四处游历，这让他曾任纽约纽黑文和哈特福德铁路局总裁的父亲大为恼火。潜心修习多年后，拉姆·达斯推出自己的著作《活在当下》，此书一出版便在美国热销二百多万册。"总是不能让该来的来，也不能让该去的去"，拉姆·达斯告诫人们，不要执着于一些外在的、稍纵即逝的东西，找到活在当下的美好理由，许多苦恼便不再困扰我们。

拉姆·达斯是这样说的，也是这样做的。在整理《活在当下》30周年纪念版时，他大脑内溢血，得了中风，不能说话也不能动。那段时间，他再也拉不了大提琴、开不了车或者打不了高尔夫。他饱受疼痛的折磨，尤其是右臂，还患有高血压、痛风和呼吸暂停，睡觉时得连着呼吸机，以防停止呼吸。

待身体有所恢复后，拉姆·达斯应邀参加一次演讲。主办方打算找人将他推上去，但他坚持一个人走向讲台。他抓住扶手艰难地站起来，然后一口气攀上6级台阶，坐上了放在台上的另一台轮椅。台下的人顿时全体起立，报以雷鸣般的掌声。他抬起左臂，示意大家坐下。他的右半身仍然不能动，说话能力恢复得不尽如人意，可他指着如潮的人群说："我想告诉大家……"他张开嘴又停住了，眼睛里闪着调皮快乐的光芒，"我停止过多的忧虑，我……依然活在当下。"

一辈子说长不长，说短也不短，关键在于你怎样过。一个热忱的人，必定是一个善待今天的人，他知道自己能够把握的只有今天，所以会努力活好当下的每一刻。

是的，你能把握的只有今天，今天是最好的一天，我们该如何度过呢？戴尔·卡耐基在《人性的弱点》一书中，给苦恼的人们制订了一份计划：

今天我要用行动来提升我的心灵。

我要学习，不让心灵空虚。我要阅读有益身心的书籍，提高我的修养。

今天我要做三件事：我要默默地为某个人做一件好事，还要做一件以前不愿做的事、一件不敢做的事。做这些事的目的，只是为了锻炼我的勇气和勤勉，让我不致懈怠。

今天我要让自己看起来更美丽。我要穿着得体、举止大方、谈吐优雅。我要多予赞赏，少做批评，不让自己抱怨，不挑任何人的毛病。

今天我要全心全意地过好这一天，不去想我的整个人生。一天工作12个小时固然很好，可如果想到一辈子都要这样度过，我自己都会觉得恐怖。

今天我要给自己留半个小时，思考一下我的人生。

今天我要很开心。只有现在的行动，才能给我带来无尽的幸福和快乐。

……

08/ 管他努力有没有回报，拼过才是人生

理智与情感就像一对敌手，常常是此消彼长。当情感为主导时，理智往往会变弱，在这种情况下，人往往容易根据本能行事，缺乏周密的计划和考虑，所谓"关心则乱"，说的就是这个意思。因此，老一辈的人常常告诫我们说："做事情不要没脑子，一定要靠理性思考问题。"

有些时候，恰恰是理性束缚了我们的思维，限制了我们的发展。这是因为，理性的人往往可以冷静地分析利弊，做出对自己最有利的选择，但往往缺少冲劲和勇气，缺乏"明知不可为而为之"的冒险精神。人世间许多的胜利和奇迹，往往是在"不理性"的情况下缔造的。

残疾军人鲍勃·威兰德是美国家喻户晓的英雄，而他能够获得全美国人民的敬佩，却并非因为他在战场上的荣耀和勋章。

1969年，23岁的鲍勃·威兰德接到应征从军、远赴越南战场的征兵令。不幸的是，在到越南的第二个月，他就因在西贡近郊的亚热带密林中踩中地雷而失去双腿，从一个一米九的魁梧男子变成一个身高不足一米的"半截人"。

这一变故所带来的冲击与绝望可想而知。但令人意外的是，鲍勃·威兰德并未因此而自暴自弃。在医院的时候，他就开始尝试只依靠双手来生活。他拒绝护理人员为他更衣，拒绝有人搀扶他上下楼梯。他告诉所有人："虽然没有了双腿，但我还有双手，可以用双手

来代替双腿。"

　　起初他非常吃力，但仍咬着牙坚持，很快他就能靠着双手行动自如了。出院之后，威兰德又学会自己驾驶残疾人汽车，并重新踏进洛杉矶的大学校门，甚至考取了体育教师的资格证。

　　威兰德的坚强与不屈震撼了千千万万的美国人。一位美丽的时装模特更是为他倾心，她不顾世俗的眼光，毅然决然地成为威兰德的妻子。

　　最令人震撼的是，不久之后，鲍勃·威兰德做出一个令所有人都瞠目结舌的决定，他宣称自己将要用手"跑"完从洛杉矶到首都华盛顿的5000公里路程！这简直太不可思议了，且不说5000公里有多么遥远，这段路程中有连绵起伏的山路，还有荒无人烟的沙漠，甚至还有危机四伏的原始森林。所有人都认为威兰德绝对是疯了，这简直太不理性了，甚至连威兰德的家人也一直都在劝阻他。

　　"我并不认为自己是个残疾人。只要是你想做的事，你就一定能做到，就看你想不想做了。"鲍勃·威兰德这样回答所有人。

　　这段旅程整整持续3年8个月零6天，从威兰德开启这一征程的时候，无数的美国人关注着他，无数的父母带着孩子等待威兰德即将经过的地方，亲眼见证这个充满勇气的残疾军人如何创造生命的奇迹。

　　鲍勃·威兰德抵达华盛顿的那一天，整个美国都沸腾了。人们欢呼着，像迎接凯旋的军队一般欢迎着他的到来。他因此成为全美国人心中意志的化身和勇气的象征！

　　试想，如果鲍勃·威兰德是个绝对理性的人，他会怎么做呢？或许会在意外发生之后，开始认真考虑，他如何通过正常的途径为自己争取更多的补助和利益，以保证后半生的生活。然后再想想，如何利用自己所拥有的资源创造一些收入，毕竟现在自己成了这个

"鬼样子"，也别指望再有什么发展了，保证基本的生存条件才是最重要的……

如果鲍勃·威兰德是这样的人，大概他会成为一个后半生过得勉勉强强，能够吃得饱穿得暖的平凡残疾人吧。他应该不会成为全美国人心目中创造奇迹的英雄，自然也别奢望能抱得美人归了。

现实中，理性固然重要，但做任何事情时都要分析利弊、得失，评估事情获得成功的可能性，以保证自己不浪费时间和精力做徒劳无用的事情。这样固然可以少犯一些错误，保证自己不会输得太多，但缺少奋力一搏的精神，缺少对生命的冒险，从所有选择中找到最正确、最安全的那一个，你就永远只能按部就班地活在一个不上不下的狭小空间，往往也远离成功与奇迹。

残奥会上，很多运动员展现出他们"不理性"的一面。有一个运动员没有了双臂，但是却能够在水中畅游自如，最后获得冠军；还有一个只有一条腿的运动员，他在骑自行车的项目中取得了好成绩。在常人眼中，一般理性的思考是，没有了双手，还怎么去游泳？只有一条腿，怎么去骑自行车呢？但这些运动员却用自己的"不理性"向世人证明"我命由我不由天"，他们不相信自己的人生黯淡无光，坚信只要努力了，就一定会有自己的辉煌，只是过程比别人艰难许多。

奇迹之所以称为奇迹，是因为发生的概率实在太小，就像彩票中奖一样。正因如此，那些最终创造奇迹的人，通常都是"不理性"的。一旦确立了一个梦想，这些人就会勇往直前，为了一个目标时刻准备着，为了一件事反复练习着。即便他们的行为不被常人理解，也要偏执地做出样子来。

当有人告诉你"这样不可能"，你可能会放弃，而他们不会。

当有人告诉你"机会很渺茫"，你可能会放弃，而他们不会。

当有人告诉你"这样不值得"，你可能会放弃，而他们不会。

人不能缺乏理智，不能理性思考的人生注定与毁灭同行；但同时，人也应该有冲动，不曾被感性支配过的人生，只能和平庸结伴。如果人生只注重结果，那得有多可悲。人生有且只有一次，为什么不去拼一下呢？我们只管努力，成功爱来不来。管他努力有没有回报，拼过才是人生。

09/ 反正都是死，不如痛快去活，才不虚此行

这个世界上，最无情的就是时间。无论你如何挽留，它都不会多为你驻足一分一秒，甚至在你毫无察觉的瞬间偷偷溜走。

日子一点点地过去，我们也在慢慢变老。一转眼，就是一生。有人说，人生如梦，刹那芳华。生不过是一场有聚有散的酒席，死不过是那散场之后的长眠，其间我们经历了什么、留下了什么，都将化作一张张纸页叠成生命的厚度，书写人生的故事——生命的价值不在于长短，而在于内容。

生亦生，死亦死，生是偶然，死是必然。可见，生与死之间悄然流逝的时间——生命，便显得弥足珍贵。对此，著名作家三毛在《撒哈拉的故事》中写道："人之所以悲伤，是因为我们留不住岁月；而更无法面对的是有一日，青春，就这样消逝过去。人的生命不在于长短，在于是否痛快活过。"

人生的意义不在于你到底活了多久，而在于你有没有一些活得痛快的瞬间。

那么，如何才能活得痛快？

活得痛快，就是不甘平庸，永远充满朝气和活力，有理想，有追求，有个性，有担当。无论遇到多大困难，笑容永远挂在脸上，心怀希望，每天都保持最好状态，按照自己的节奏一步步前行。

活得痛快，就是无所畏惧。想到什么就立刻去做，从不优柔寡断、瞻前顾后、畏手畏脚，能闯的时候就肆意去闯，能做的时候就放

开手做，做自己想做的事情，活出自己喜欢的模样。

活得痛快，就是敢爱敢恨。面对感情，开始了就全力以赴，结束了就坦然面对，错了就从头再来。面对爱与不爱，都要坦坦荡荡，拿得起放得下，勇敢又自信，不将就，不委屈，没有愧疚，也不会遗憾。

　　……

"社会和学校不一样，没有人会拿你当孩子般宠着，甚至会有人利用你、伤害你，逢人只说三分话，不可全抛一片心。""单位人多眼杂，关系复杂较多，关系不好处，一定要小心点。"自毕业后，父母就一直如此叮嘱张嘉。上班第一天，张嘉满脑子都在重复这些话，因为害怕被利用、被伤害，她在公司处处小心翼翼、提防他人，和所有同事都保持一定的距离感。

张嘉身上的青涩味道还未褪去，就披上了成熟世故的外衣，掩盖所有的迷茫与不解，伪装成一个历经世事的人。虽然这样的张嘉在哪里都比较安全，但夜深人静的时候，她总是觉得迷茫不已，开始怀疑生活、怀疑世界：是不是真的再难以找寻到一片净土？是不是人心如此复杂，难以揣摩？

张嘉还清楚地记得，大学毕业典礼那天，校长对着满怀期待的莘莘学子发表了一番恳切的致辞。现在想来，那番致辞其实更像是一番语重心长的忠告："不用害怕圆滑的人说你不够成熟，痛快而活，才能拥有最饱满的人生。"张嘉决定，痛快地生活，哪怕会头破血流。

接下来，张嘉不再假装成熟，而是率性而活。比如，她不接受单位的工作调动，给咄咄逼人的老板来了一个下马威，宁肯走人也不妥协；当客户冤枉她的时候，她没有委曲求全，而是直接指出对方的不对；冒着被利用的危险，她出于好心帮助一位犯错的同事……张嘉笑过、哭过、闹过，却也深刻地体验到生活的各种滋味。

再后来，张嘉遇到了爱情难题，一个是潇洒浪漫的时尚男人，一个是体贴温厚的老实男人。妈妈说，过日子就该选后者，轰轰烈烈终有一天会平淡，柴米油盐的琐碎才是生活。但张嘉再次违背母亲的意愿，选择了前者。她认为，爱情不应该过于平淡，轰轰烈烈爱一场才无悔。

与时尚男人相处了数月后，这段轰轰烈烈的爱情，果然如妈妈预料的那般结束了，干净利落。对方是一个目标明确的人，也很自我，在许多重要的问题上，他们的人生观与价值观无法达成一致，而张嘉也懂得了自己曾经仰慕的这类人，只适合做朋友、导师，不适合做爱人。

"为什么你总是这么不听话？"父母痛心地问。

张嘉笑着回答道："什么都看透了、看淡了，还如何享受过程？现在的我正值青春，与其急着练就'成熟'与'沧桑'，不如痛快地生活、恋爱。经历了，没有遗憾，即便受伤也是心甘情愿。所以，我并不忧伤，相反，在这个过程中，学会了成长，变得更加理性、更加成熟。"

我们总是怕自己不成熟、会受伤，其实不成熟不可怕，会受伤也不可怕，真正可怕的是，不敢痛快去活，委屈了自己，扭曲了个性。要么成了白天带着假面、不敢袒露真实自己的傀儡；要么在别人所指的路上前行，走着走着却频频回顾，想尝试那条自己想走却未曾走过的路，满心遗憾。

人生没有彩排，只有一次，如此虚度，实在可惜。

周国平先生说过："一个人只要痛快淋漓地生活过，不管善不善终，都算得上幸福了。幸福的定义各不相同，但痛快淋漓的生活谁都可以拥有。"

岂能尽如人意，但求无愧于心，希望回顾一生，你会因自己真切地活过而坦然，淡定从容地过好余生，微笑面对生命的流逝！